개정판

식품, 음식 그리고 식생활

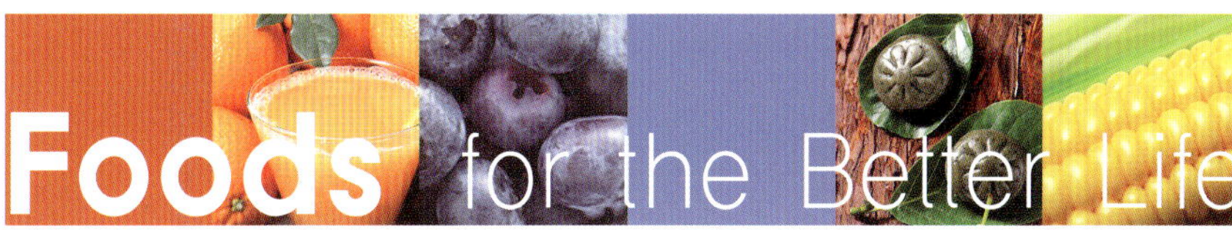

변광의 · 손천배 · 김향숙 · 구난숙 · 송은승 · 이선영 · 이경애

(주)교 문 사

머리말

p·r·e·f·a·c·e

최근 국민들의 식생활 수준이 날로 발전함에 따라 서구형 또는 동서양 혼합형의 식문화가 우리 주위에 눈에 띄게 늘어가고 있다. 더욱이 세대간의 식단 및 기호도 차이가 크게 나타나고 있는 실정에서 올바른 식생활지도 및 식품학에 대한 새로운 이해가 절실히 요구되고 있는 시기이다.

현대에 와서 식품은 매우 복잡하게 형성되고 있으므로 단순히 인간의 영양 공급원으로서의 기본기능만이 아니라 식품의 맛, 색, 향 등과 같은 미량성분들, 특히 유동학(rheology)적 성질이나 기호성, 그리고 신체기능에 부합되는 고차기능들을 만족시킬 수 있어야 한다. 식품학을 이해하고 올바른 식생활을 실천하려면 식품성분, 특히 미량성분의 연구, 재료 및 가공특성 연구, 성분의 변화와 성분 간의 반응연구 그리고 균형식단에 관한 광범위한 연구 등이 절실히 필요하다.

이 책은 식품과 생명, 기호, 건강, 문화 그리고 미래 동향 등에 관한 기본지식을 위한 학습서이다. 대학에서 식품관련 전공으로 강의하는 몇몇 교수들이 모여 국가시책과 대학의 제도변화, 그리고 국민들의 식생활 패턴의 변화 등에 관해서 여러 모로 논의하는 가운데, 입문하는 초보자들의 감각에 맞으면서 중도에 편승하기도 쉽고 단기간에 식품학의 새로운 이해를 돕는 데 유익하도록 한 학기용 기본교재가 필요함을 함께 인식하여 어려운 집필에 동참하게 되었다.

금번 개정판을 내면서 여러 가지 현실적 변화에 따른 도표와 그림 특히 식생활과 관련된 식품학의 새로운 정보를 많이 담으려고 노력하였으나 알고 있는 것이 부족하여 여러 선배들의 저서와 논문을 많이 인용하지 않을 수 없었다. 저자들은 앞으로도 식품학을 위한 전공개발과 학술연구 교류에 더 힘쓰며 계속해서 재정 보완하여 새롭고 유익한 식품학 안내서로 만들어 갈 생각이다.

끝으로 이 책이 출간되기까지 힘써 주신 (주)교문사의 류제동 사장님과 편집부의 모든 분들께 감사를 드린다.

2008년 2월
저자 일동

차례

contents

PART 2
맛을 더하는 식생활

CHAPTER 3 감각으로 느끼는 맛

CHAPTER 4 다양한 맛이 느껴지는 조리

CHAPTER 5 행복한 식탁

PART 3
건강을 지키는 발효식품

CHAPTER 6 삶을 풍요롭게 하는 발효식품

CHAPTER 7 식생활을 위협하는 인자들

CHAPTER 8 식품의 바른 선택과 보존

PART 4
지구촌 음식

CHAPTER 9 동양의 음식

CHAPTER 10 서양의 음식

PART 5 미래의 식생활

CHAPTER 11 현대인을 위한 새로운 음식

CHAPTER 12 미리보는 미래의 식품

Foods

for

the

Better

Life

PART 1
생명을 위한 식품

Foods *for the* Better Life

CHAPTER 1

식품은 왜 중요한가?

인간은 식품섭취를 통해 생명을 유지하지만, 잘못된 식품섭취는 오히려 생명과 건강을 위협할 수도 있다. 따라서 현명한 식품 선택과 균형 잡힌 식생활은 인간의 생명 및 건강유지에 매우 중요한 일이다.

건강은 생명의 존엄성을 유지해 가는 기본 요소인 동시에, 삶의 가치를 실현해 가는 데 있어 가장 중요한 요소이다. 세계보건기구(WHO)에서는 건강을 "건강이란 신체적, 정신적 그리고 사회적으로 완전하게 양호한 상태이며, 단지 질병이 없거나 허약하지 않다는 것만은 아니다(Health is a complete state of physical, mental and social well-being and not merely the absence of disease or infirmity)."라고 정의하였다.

인류생명의 원동력인 식품은 오랜 인류의 역사 속에서 끊임없이 발전 · 계승되어 오늘날의 식품이란 학문을 이루게 되었다. 인간은 건강유지를 위한 영양을 식(食)을 통하여 섭취하므로, 건강의 가장 기본 요소는 식품이라 할 수 있다. 사람의 체격과 건강은 식(食)을 통해 얻어지고 영양에 크게 의존하고 있어 현대의 풍요로운 식생활은 우리 젊은이들을 서양인 못지 않은 당당한 체격으로 만들어가고 있다. 한편 섭취하는 식품의 종류가 성격이나 지능에 영향을 미친다는 견해도 있다. 실제로 서양에서는 단적으로 'Man is what he eats' 라고 표현하는데, 이는 식사 내용으로 인품이나 머리가 우수한지를 알 수 있다는 것이다. 우리가 매일 먹는 식품이 건강과 생명유지에 필수 불가결하다는 것을 모든 사람이 인정하나, 고도의 정신활동에 직접적으로 영향을 미친다는 것은 소수의 견해일 뿐, 앞으로 이에 대한 다양한 정보수집이 요구된다.

1. 식품이란?

식품은 사람에게 필요한 영양소를 한 가지 이상 함유하고 있으면서 유해하지 않은 천연식품, 반조리식품 및 조리식품, 가공식품의 총칭이다. 우리나라 식품위생법 제1장 제2조 1항에서는 "식품이란 모든 음식물을 말한다. 다만, 의약으로서 섭취하는 것은 제외한다."고 정의하고 있으며, FAO/WHO에서는 "인간이 섭취할 수 있도록 완전 가공 또는 일부 가공한 것 또는 가공하지 않아도 먹을 수 있는 것"으로 규정하고 있다. 식품과 관련되어 식품재료 또는 식료품(food material, foodstuff), 식량(foods)이라는 용어가 자주 사용된다. 식품재료란 일반적으로 직접 섭취할 수 없는 원료 상태의 것을 말하며, 이들을 적절히 처리하여 사람이 먹기에 알맞도록 한 것을 식물 또는 식이(diet)라고 한다. 예를 들면, 쌀과 소맥은 식품이고 이것을 조리한 밥과 빵은 식물이며 과일, 채소, 우유 등은 식품인 동시에 식물이 된다. 또한, 식량이란 처리, 가공하지 않으면 먹을 수 없는 것이다. 예를 들어, 수확된 벼는 식량, 정미된 쌀은 식품재료가 된다. 실제로 식품재료는 엄밀한 구별이 어려운데, 1980년 한국식품과학회의 식품행정위원회에서는 "식품재료도 식품이라고 말할 수 있다."고 하였다.

2. 식품이 갖추어야 할 조건

식품이란 사람에게 필요한 영양을 공급하는 동시에 안전하고 기호성이 있어야 그 목적이 달성되는 것으로서, 식품이 사람의 건강을 유지하기 위한 수단이 되는 동시에 필요한 상품으로 유통되기 위해서는 다음과 같은 몇 가지 조건이 구비되어야 한다. 즉, 영양가, 안전성, 기호성, 경제성, 기능성 등이 갖추어져야 한다.

식품의 영양가와 안전성은 육안으로는 쉽게 판정할 수 없는 식품의 내면적 품질요인이라고 한다. 이들은 건강유지에 중요한 조건으로 정부당국이나 공공기관의 관리하에 규제하고 있다. 한편 식품의 기호성과 경제성은 소비자가 쉽게 판단할 수 있는 외면적 품질요인이다. 기호성에 영향을 주는 식품 특성은 색, 모양, 크기 등 시각적인 것과 냄새, 맛, 텍스처(texture) 등 후각, 미각, 촉각, 청각에 의해 감지되는 것이 있다.

3. 식품에는 무엇이 들어 있나요?

우리가 건강유지를 위해 매일 섭취하는 식품은 여러 가지 성분으로 이루어져 있다. 또한 식품에 따라 구성하는 성분의 종류와 함량에 차이가 있다. 식품의 성분은 크게 일반성분과 특수성분으로 나눌 수 있는데, 일반성분이란 물, 탄수화물, 지방, 단백질, 비타민 및 무기질 등이며, 그 외에 기호성분(맛성분, 냄새성분, 색소), 효소, 독성물질 등을 특수성분이라 한다.

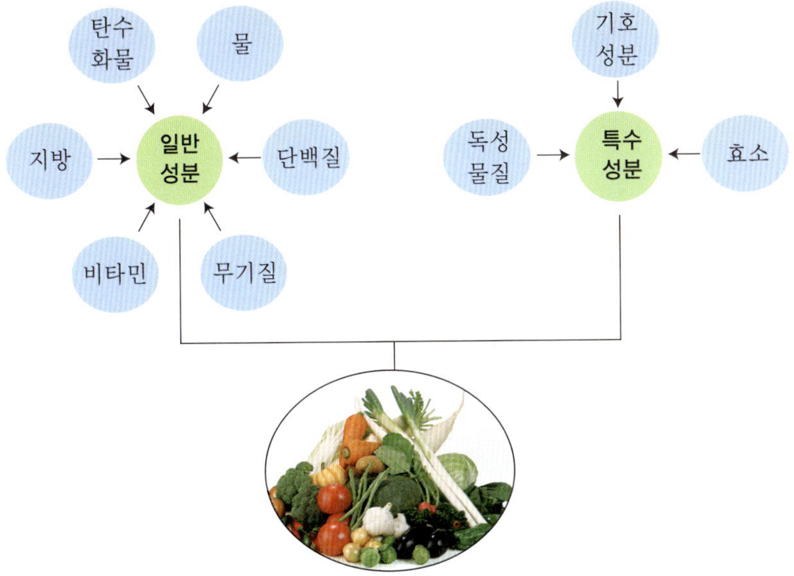

그림 1-1 식품의 성분

표 1-1 식품군별 대표식품과 1인 1회분량(serving size)

식품군	1인 1회 분량					
	I			II		
곡류 및 전분류 	밥 1공기 (210g)	국수 1대접 (건면 90g)	식빵 2쪽 (100g)	떡 2편 (절편 50g)	밤(대) 3개 (60g)	시리얼 1접시(30g)
고기, 생선, 달걀, 콩류 	육류 1접시 (생 60g)	닭고기 1조각(생 60g)	생선 1토막 (생 50g)	콩 (20g)	두부 2조각 (80g)	달걀 1개 (50g)
채소류 	콩나물 1접시 (생 70g)	시금치나물 1접시 (생 70g)	배추김치 1접시 (생 40g)	오이소박이 1접시(생 60g)	버섯 1접시 (생 30g)	물미역 1접시 (생 30g)
과일류 	사과(중) 1/2개(100g)	귤(중) 1개 (100g)	참외(중) 1/2개(200g)	포도 1/3송이 (100g)	오렌지주스 1컵 (100g)	
우유 및 유제품 	우유 1컵 (200g)	치즈 1장 (20g)	호상요구르트 1/2컵(110g)	액상요구르트 3/4컵(150g)	아이스크림 1컵 (100g)	
유지, 견과 및 당류 	식용유 1작은술(5g)	버터 1작은술(5g)	마요네즈 1작은술(5g)	땅콩 (10g)	설탕 1큰술 (10g)	

자료 : 한국인 영양섭취기준(한국영양학회, 2005)

식품성분표란 식품에 들어있는 성분과 그 함량을 나타낸 것이다. 식품성분표를 이용하면 우리가 매일 먹고 있는 식품으로 필요한 각 영양소를 어느 정도 섭취하는지를 알 수 있다. 한편 세 끼 식사를 통한 영양섭취 상태가 적당한지는 한국인 영양섭취기준과 비교하면 쉽게 알 수 있다. 영양섭취기준이란 보통 정도의 노동을 하는 건강한 사람이 좋은 영양상태를 유지하기 위해서 하루 동안 각 영양소를 어느 정도 섭취해야 하는지를 나타낸 기준치이다.

4. 식품은 어떤 기능을 하나?

식품이 갖는 기능은 크게 영양기능, 기호기능, 생체조절기능으로 나눌 수 있다. 단지 영양적 만족을 위해 식품을 섭취하던 때는 영양기능만이 강조되었다. 2차 대전 후에 식품산업이 발달하면서 기호기능이 강조되기 시작하여 기호성을 향상시킨 다양한 식품이 등장하게 되었다. 최근에 현대인의 건강 지향적 사고에 따라 등장하게 된 것이 생체조절기능이다. 식생활의 변화 및 건강에 대한 인식이 고조되어 가면서 식품의 3차 기능인 생체조절기능이 더욱 강조될 것으로 예상되며, 이에 따른 기능성 식품의 수요는 점차 늘어날 것으로 전망된다.

* 영양기능

영양기능은 식품이 갖는 1차 기능으로 생명유지기능이라고도 한다. 영양소의 과부족이 없는 균형 있는 영양섭취는 신체의 정상적인 발달을 돕고 스트레스에도 비교적 잘 견딜 수 있게 한다. 또한 유아기의 영양상태는 지능발달에 큰 영향을 준다.

* 기호기능

기호기능은 식품의 2차 기능으로 식품의 관능적인 특성이 영향을 준다. 식품을 먹게 되는 동기는 기호로서 영양적으로 우수한 식품이라도 식품의 맛, 향, 색, 텍스처 등이 우리의 기호를 만족시키지 못하면 식품의 가치는 많이 떨어지게 된다.

* 생체조절기능

생체조절기능은 식품의 3차 기능으로 신체에 생리적 활성을 부여하는 신체의 리듬조절, 질병에 대한 예방과 치유, 면역력 부활, 알레르기 감소기능, 그리고 노화방지기능 등 인간의 건강과 장수에 직결되는 기능이다. 이러한 생리적 조절기능을 갖춘 식품으로 식품과 의약품을 합친 성질을 갖춘 식품이 개발되어 '21세기의 식품'이라고 불리기도 한다.

5. 건강의 파수꾼, 식품구성탑

우리는 생명 및 건강유지를 위해 식품을 섭취한다. 식품에는 탄수화물, 단백질, 지방, 무기질, 비타민과 같은 영양성분과 건강유지에 도움이 되는 식이섬유, 카로티노이드, 플라보노이드 등이 함유되어 있다. 그러나 식품 종류에 따라 함유된 성분의 종류와 양이 다르므로, 여러 가지 식품을 적당한 비율로 섞어 먹어야 건강을 지킬 수 있다.

그림 1-2 식품구성탑(한국영양학회, 2005)

우리가 섭취하는 식품들은 영양소와 기능에 따라 식품군으로 나눌 수 있다.

식품군은 우리 몸에 필요한 열량, 탄수화물, 단백질, 비타민, 무기질 등을 공급해 주고 있다. 그러나 식품군별로 제공하는 영양소에는 조금 차이가 있으므로, 식품군을 고려하여 매 끼니마다 다양한 식품을 적당량 섭취하는 것이 바람직하다.

각 식품군의 섭취량은 식품구성탑을 고려해서 결정하면 좋은데, 식품구성탑이란 비슷한 영양성분을 함유한 식품들끼리 묶은 다음 식생활에서 차지하는 중요성과 섭취량에 따라 탑모양으로 나타낸 것이다. 식품구성탑은 다섯 층으로 이루어져 있는데, 맨 아래층에는 주식으로 가장 많이 섭취되는 곡류 및 전분류가 위치한다. 그 위에는 양적으로 많이 섭취되는 채소 및 과일류가 위치하고 단백질 식품인 고기, 생선, 달걀 및 콩류가 세 번째 층에 위치한다. 섭취량은 적으나 칼슘을 공급하는 우유 및 유제품이 네 번째 층에 위치하며, 섭취량이 가장 적은 유지, 견과 및 당류는 맨 위층에 위치한다.

연습문제

1 식품의 기능에 대해 조사해보자.

2 식품성분표의 바른 활용법에 대해 알아보자.

3 우리가 매일 먹는 밥은 어느 식품군에 속하는지 알아보자.

인터넷사이트

1 http://www.fda.gov (미국 식품의약품안전국)
2 http://www.kfda.go.kr (한국 식품의약품안전청)
3 http://www.fao.org (국제 식량농업기구)
4 http://www.nal.usda.gov (미국 농무성)
5 http://www.kfri.re.kr (한국 식품개발연구원)
6 http://www.foodnews.co.kr (식품저널)

Foods *for the* Better Life

CHAPTER 2

식품 속의 영양소 알기

영양소란 식품에서 얻는 화학물질로서 생체 조직의 성장과 유지 및 치유에 필요한 물질로 정의된다. 식품 속에 존재하는 성분은 영양성분(nutrients)과 비영양성분(nonnutrients)으로 나누어 볼 수 있으며 탄수화물, 지질, 단백질, 무기질, 비타민과 물의 여섯 가지를 주요 영양소로 간주한다. 탄수화물, 지질, 단백질의 3대 영양소는 우리 몸에 에너지를 공급하며 활동력을 제공한다. 단백질, 무기질과 물은 신체를 구성하는 성분이며, 비타민과 무기질은 신체의 기능을 조절하는 역할을 한다. 식품 속에 존재하는 비영양성분으로는 알코올, 식물성 화학성분, 색소, 첨가물 등이 있는데, 이들 중에는 우리 몸에 유해한 것들도 있다.

표 2-1 다섯 가지 식품군에 함유된 주요 영양소 및 식품의 종류

식품군	주요 영양소	식 품 종 류
곡류 및 전분류	탄수화물	곡류, 면류, 빵류, 시리얼류, 감자류, 견과류(밤), 과자류
고기, 생선, 달걀, 콩류	단백질, 비타민, 무기질	육류, 어패류, 난류, 콩류
채소 및 과일류	비타민, 무기질	채소류, 해조류, 과일류
우유 및 유제품	칼슘, 단백질, 비타민 B_2	우유, 유제품
유지, 견과 및 당류	지방, 탄수화물	유지류, 견과류, 당류

1. 식품의 필수적 성분

1) 탄수화물

탄수화물은 대체로 단맛을 주기 때문에 '당질' 이라고도 하며, 탄소(C), 수소(H), 산소(O)의 세 가지 원소로 구성되어 있다. 탄수화물에는 에너지를 공급해 주는 전분이나 당류 외에도 인체에서 여러 가지 생리활성을 갖는 식이섬유들이 있다.

(1) 탄수화물의 분류

탄수화물은 가수분해에 의해 생성되는 당분자의 수에 따라 단당류, 이당류, 소당류 및 다당류로 분류된다.

*** 단당류**

산, 알칼리, 효소 등에 의해 더 이상 가수분해되지 않는 간단한 구조로서, 식품 속의 단당류로는 탄소수가 다섯 개인 오탄당과 여섯 개인 육탄당이 주류를 이룬다. 오탄당에는 자일로오스(xylose), 아라비노오스(arabinose), 리보오스(ribose)와 디옥시리보오스(deoxyribose) 등이 있다. 육탄당은 식품 중에 널리 분포하는 주요 당분으로서 포도당(glucose), 과당(fructose), 갈락토오스(galactose) 등이 있다. 단당류들은 대체로 단맛을 가지며, 두 개 이상이 결합하여 여러 가지 당류를 이룬다. 포도당은 전분, 글리코겐, 셀룰로오스 및 설탕 등의 구성성분이다. 과당은 설탕과 전화당의 구성단위로서 과일과 꿀에 많이 함유되어 있고, 수분 흡수력이 강하여 흔히 액체로 존재한다. 갈락토오스는 포유동물의 젖에 존재하는 유당의 가수분해에 의해 얻어진다.

*** 이당류**

두 개의 단당류가 결합된 것으로서 맥아당(maltose), 유당(lactose)과 서당(sucrose)이 있다. 맥아당은 전분의 구성단위로서 두 분자의 포도당이 결합된 것이며, 유당은 포도당과 갈락토오스가, 서당은 포도당과 과당이 결합한 것으로서 모두 묽은 산과 알칼리, 효소 등에 의해서 가수분해된다.

★ 소당류

3~10개의 단당류가 결합한 것으로서 올리고당이라고도 한다. 대표적인 것으로는 라피노오스(raffinose)와 스타키오스(stachyose)가 있으며 콩과식물, 목화씨, 사탕무 등에 함유되어 있다. 이 올리고당들은 모두 단당류로 구성되어 있지만 당류들이 인체에서 분비되는 소화효소에 의하여 분해될 수 없는 방식으로 결합되어 있어 소화가 되지 않는다.

★ 다당류

전분, 셀룰로오스, 펙틴, 글리코겐 등이 있으며, 이들은 가수분해되어 많은 수의 단당류가 형성된다. 전분은 대표적인 식물성 저장탄수화물이며 다수의 포도당이 연결된 중합체로서 인체에 중요한 에너지원이다. 전분은 아밀로오스와 가지가 많은 분자구조를 갖는 아밀로펙틴의 두 종류로 이루어져 있다. 일반적으로 전분식품 속에 아밀로오스와 아밀로펙틴의 함량비는 1:4이며, 아밀로펙틴의 함량이 많을수록 소화효소의 작용을 쉽게 받아 빨리 분해되고 혈당을 올리게 된다. 셀룰로오스는 식물의 세포막을 구성하는 다당류로서 포도당으로 구성되어 있지만 전분과 결합방

올리고당

최근 식품 내 비영양성분에 대해 재조명하게 되면서 대체감미료 시장에 올리고당 제품이 많이 선보이고 있다. 올리고당의 기능은 매우 다양하여 장내 세균의 균총 및 배변 개선, 지방 배설, 충치예방, 저열량 효과를 보이는 소재로 식품산업계에서 폭넓게 이용되고 있다. 갈락토올리고당, 프락토올리고당, 이소말토올리고당 및 대두올리고당이 이러한 물질에 속하며, 이들은 유제품, 건강보조식품, 조미료, 각종 음료 및 과자류 등에 첨가되거나 올리고당이란 단일 상품(대부분 물엿 형태)으로 시판되고 있다. 그러나 이러한 올리고당 중에는 프락토올리고당과 같이 소화가 되지 않는 올리고당도 있고 이소말토올리고당과 같이 소화가 가능한 올리고당도 있다. 따라서 이들 올리고당들을 섭취하였을 때 열량 발생량은 올리고당의 종류에 따라 다르다. 소화가 안되는 올리고당의 과량 섭취는 설사나 가스 생성으로 인한 복부 팽만감 등의 좋지 않은 부작용을 나타낼 수도 있으므로 노약자나 장기능이 약한 사람들에게는 주의가 요구된다. 또한 시판되는 올리고당은 순수한 올리고당이 아니기 때문에 100g당 200~300kcal의 열량을 가진다.

- 갈락토올리고당 1.5kcal/g
- 프락토올리고당 1.5kcal/g
- 이소말토올리고당 4.0kcal/g
- 대두올리고당 2.0kcal/g

식이 달라 인체의 소화효소에 의해서는 분해되지 않는 식이섬유로 분류된다. 따라서 에너지원으로는 이용되지 못하지만, 장의 운동을 활발하게 하여 변비방지와 직장암 예방효과가 있다. 펙틴은 세포막과 세포막 사이에 주로 존재하며 갈락투론산이 α-결합된 분자로서 혈중 콜레스테롤 저하효과가 있는 것으로 알려지고 있으며, 잼이나 젤리의 생성을 가능하게 하는 원인물질이기도 하다.

글리코겐은 동물의 근육조직과 간에 주로 저장되는 탄수화물의 형태로서 근육에 있는 1,400kcal 정도의 글리코겐은 운동할 때 필요한 에너지를 제공하며, 간 속에 저장된 400kcal 정도는 혈당이 저하되거나 유사시에 분해되어 포도당으로 사용된다.

(2) 탄수화물의 기능

탄수화물은 인체의 에너지 공급원으로서 1g당 4kcal의 열량을 낸다. 인체의 세포가 선호하는 포도당은 탄산가스와 물로 분해되면서 화학에너지인 ATP를 생성하여 근육수축, 신경작용, 심장박동, 호흡 등 생명활동에 필수적인 기능을 유지하는 에너지원으로 사용된다. 특히 뇌와 신경조직, 적혈구는 정상 상태에서는 포도당만을 에너지원으로 사용하는 특이성을 갖는다. 따라서 탄수화물 섭취가 지나치게 적을 경우 중추신경계의 기능에 이상이 초래될 수도 있으며, 심박동에 문제가 발생할 수 있다. 탄수화물을 충분히 섭취하면 단백질과 지방은 신체조직을 구성하고 생체기능

대사증후군과 단순당 섭취량

서양인들은 과다한 지방섭취에 의한 비만과 심순환계 질환 및 암의 예방을 위하여 탄수화물의 섭취를 증가하도록 유도하고 있으나 이들의 경우도 탄수화물 섭취가 높아지면 혈중 중성지방의 농도가 올라가 비만과 제2형 당뇨와 같은 대사증후군의 발병률이 높아지는 것으로 보고되고 있다. 다당류의 함량이 높은 식품은 소화 속도가 낮아 장에서 천천히 흡수되며 식이섬유 등 건강에 유익한 성분들을 함유하고 있으므로 오히려 권장할 식품이다. 그러나 단순당(단당류와 이당류)은 소화효소의 작용이 거의 필요 없으므로 흡수가 빨라 혈당이 급격히 올라가고 인슐린의 요구도가 높아지게 되는데, 이러한 상황이 반복되면 비만과 제2형 당뇨, 심순환계 질환의 유병률이 증가하게 된다. WHO의 단순당 섭취 권고수준은 1일 섭취열량의 10%이며, 한국인 중 단순당 섭취량이 높은 13~19세의 경우 1일 평균 61g으로 조사(식품의약품안전청, 2005)되어 WHO의 권고수준을 상회하였다. KDRI에서는 성인의 탄수화물의 에너지적정비율을 55~70%로 정하였다.

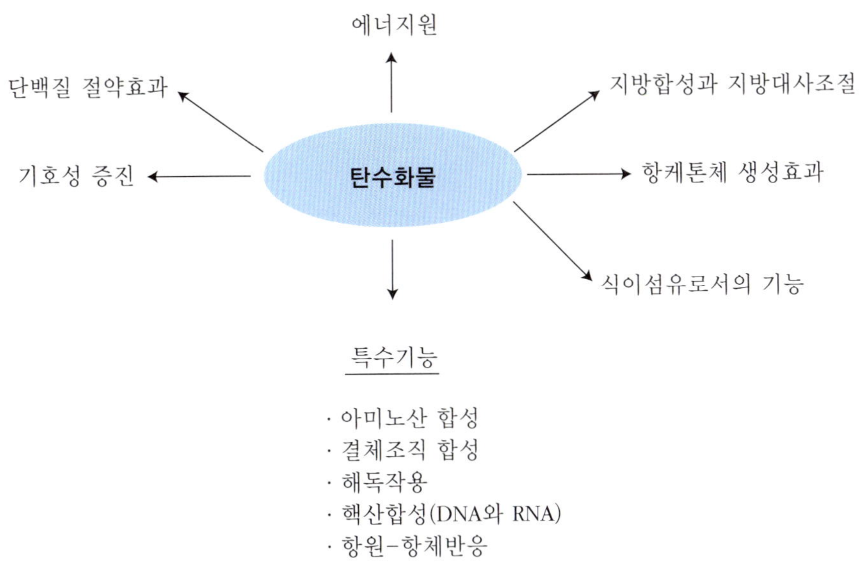

그림 2-1 탄수화물의 주요 기능

유지에 중요한 작용을 원활히 수행하게 되나 탄수화물 섭취량이 부족하면 단백질이나 지방이 포도당 합성에 사용되어 체단백이 손실되고 케톤산의 발생량이 증가한다.

그 외에 주로 탄수화물로 구성되는 식이섬유는 대사성 질환이 급증하고 있는 최근에 주목을 받기 시작한 식품성분으로 그 종류와 기능에 대해서는 '2. 식품 속의 기타 성분' 에서 다루고자 한다.

2) 지 방

(1) 지방의 분류

지방이란 물에 녹지 않고, 지용성 용매인 에테르, 벤젠, 클로로포름에 녹는 물질이며, 알칼리에 의해 가수분해되는 것과 가수분해되지 않는 것으로 분류된다. 전자에는 중성지방과 인지질이 속하며, 후자에는 스테롤, 지용성 색소 등이 속한다.

중성지방은 글리세롤과 지방산의 에스테르로서 트리글리세리드(triglyceride)라고 한다. 지방산은 지방의 특성을 결정하는 주요 구성요소로서 '탄소수가 네 개 이상인 직쇄상의 유기산으로서 카르복실기가 하나인 물질' 이며, 포화지방산과 불포화지방산으로 분류된다. 이는 이중결합의 유무에 따른 분류이며, 특히 이중결합이

두 개 이상인 것을 다가 불포화지방산이라고 한다. 불포화지방산은 포화지방산에 비해 녹는점이 낮으므로 불포화지방산의 함량이 많은 식물성 기름은 그렇지 않은 동물성 지방과는 달리 상온에서 액체의 형태를 갖는다.

인지질은 지방산, 알코올류 이외에도 인산과 질소화합물 등으로 이루어지는 경우가 많다. 세포막의 기본구조를 이루는 물질로서 계면활성제나 유화제의 역할을 한다. 대표적인 체내 구성인지질에는 레시틴, 세팔린, 스핑고마이엘린 등이 있다.

스테롤류는 일반적으로 스테로이드의 기본구조를 가지며, 콜레스테롤은 대표적인 동물성 스테롤이다.

필수지방산

체내에서 합성이 되지 않기 때문에 외부로부터 식품이나 기타 형태로 반드시 섭취해야만 하는 지방산을 필수지방산이라고 하며, 리놀레산, 리놀렌산과 아라키돈산이 있다. 이는 세포막이나 두뇌작용, 면역체계 호르몬 등의 기능을 하며, 총 열량의 1~2% 정도를 필수지방산으로서 섭취하는 것이 좋다.

지방산의 섭취패턴 제안

포화지방산 : 단일불포화지방산 : 다가불포화지방산을 1 : 1 : 1로 균형 있게 섭취하는 것이 바람직하다.

트랜스지방산과의 전쟁

식물성 기름이 건강에 좋기는 하지만 상온에서 액체 상태이므로 유통과정에서 어려움이 있고 가공적성이나 풍미 등을 돋우기 위하여 액체기름에 수소를 첨가해 굳혀 경화유를 만든다. 한동안 성인병을 우려하는 많은 사람들이 동물성 지방을 꺼려하여 마가린과 같은 식물성 경화유를 섭취하였는데, 최근 들어 경화유를 만드는 과정에서 생기는 트랜스지방산이 문제가 되었다. 트랜스지방산은 포화지방과 마찬가지로 혈중 총콜레스테롤과 LDL-콜레스테롤을 올리고 HDL-콜레스테롤을 낮추어 심장병이나 동맥경화의 위험요인으로 작용한다.

이러한 사실이 알려지고 나서 선진국에서는 영양표시에 트랜스지방산을 포함시켰고, 식품업계에서는 트랜스지방산을 줄이려는 노력이 이어지고 있다. 식품의약품안전청의 발표에 의하면 2004~2005년 대비 2006년 말 트랜스지방의 저감화는 50% 이상 실현되었으며, WHO의 권고수준은 섭취열량의 1% 미만으로 성인의 하루 섭취 열량 2,000kcal를 기준할 때 2.2g에 해당되는 양이다. 우리나라 사람 3,000명을 대상으로 조사한 결과에 의하면 1일

트랜스지방 섭취량은 0.37g(성인: 0.18g, 청소년:0.48g, 어린이:0.36g)으로 추정하고 있다. 트랜스지방은 마가린, 쇼트닝, 마요네즈 소스, 감자튀김, 감자칩, 파이, 피자, 도넛, 케이크, 쿠키, 크래커, 팝콘, 수프, 유제품, 어육제품 등에 많이 들어 있는 것으로 알려져 있으며, 특별히 전자레인지용 팝콘에 많은 양이 들어있음이 알려졌다.

한국인 상용식품의 트랜스지방 함량 모니터링 결과

제품 유형		트랜스지방 함량 (평균값 ± 표준편차)	조사년도
유지류	식용유지	1.0 ± 0.5	'04
	쇼트닝 · 마가린	14.4 ± 10.2	'04
과자류	비스킷류	1.6 ± 1.8	'06
	초콜릿 가공품	2.1 ± 1.6	'06
	스낵류	0.5 ± 1.2	'06
	전자레인지용 팝콘	11.0 ± 0.1	'04
	팝콘	0.1 ± 0.1	'04
제빵류	빵류	0.6 ± 0.8	'05
	케이크류	2.5 ± 1.7	'05
	도넛	4.7 ± 1.7	'05
패스트푸드류	햄버거	0.4 ± 0.4	'05
	피자	0.4 ± 0.2	'05
	닭튀김	0.2 ± 0.2	'06
	감자튀김	2.0 ± 0.8	'06
	튀김용 냉동감자	3.5 ± 2.4	'05
	튀김류	0.3± 0.2	'05
기 타	마요네즈	ND*	'05
	커피프림	ND*	'05
	인스턴트 스프(분말)	0.2 ± 0.2	'05

* ND : not detectable

자료: 한국식품의약품안전청 연구보고서, 2006

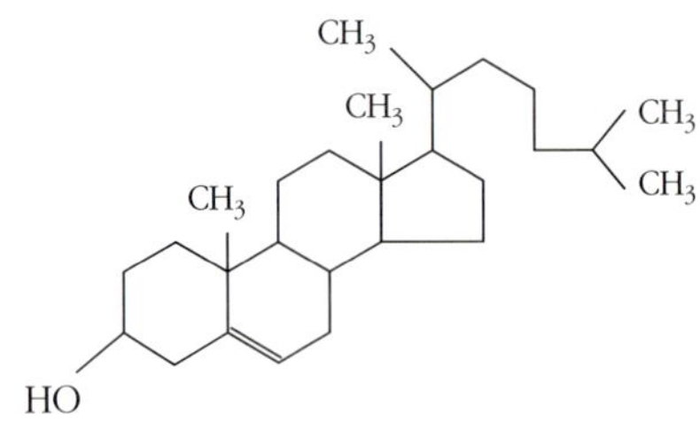

그림 2-2 콜레스테롤

콜레스테롤은 생명을 유지하는 데 필수적인 물질로서, 근육조직, 뇌조직, 신경조직, 담즙, 혈액 및 일반 지방질에 널리 분포되어 있다. 그러나 혈액 중에 농도가 지나치게 높을 때는 혈관 내벽에 침착되어 동맥경화를 일으키는 위험요인이 될 수도 있다. 최근에는 식물성 스테롤의 영양학적 효능에 대한 연구가 활발하다. 식물성 스테롤로서는 인체 내에서 비타민 D로 전환되는 에르고스테롤(ergosterol), 항암효과를 갖는 피토스테롤(phytosterol) 등이 있다. 특히 대두에는 피토스테롤이 많아 유방암이나 전립선암에 효과가 있는 것으로 알려져 있다.

그밖에도 지질의 성격을 갖는 탄화수소로는 스쿠알렌, 비타민 K, 토코페롤이 있으며, 지용성 색소인 카로티노이드, 토마토에 많은 항암성분 리코펜 등이 있다.

(2) 지방의 기능

지방은 매우 효율적인 에너지 공급원이며, 체내의 에너지 저장형태이다. 또한 생체 내 세포막, 뇌와 신경조직 등의 주요 구성성분이며, 인지질, 지용성 비타민, 필수

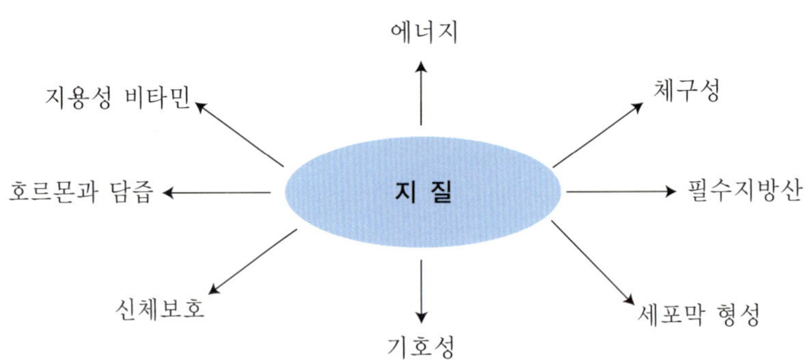

그림 2-3 지방의 주요 기능

지방산을 공급해 주고, 호르몬이나 기타 생리활성 물질의 전구물질이기도 하다. 또한 지방은 체온을 보존하고 내장기관을 충격으로부터 보호하는 작용을 가지고 있다.

3) 단백질

단백질은 아미노산이 펩티드결합에 의해 연결된 구조를 가지며, 구성원소로는 탄소, 수소, 산소와 질소(N)가 있으며 때로는 황(S)이나 인(P)을 함유하기도 한다.

(1) 아미노산

인체를 구성하는 단백질은 20여 종의 아미노산으로 이루어져 있다.

아미노산의 기본구조는 다음과 같다. 카르복실기(-COOH)와 아미노기(-NH_2)와 -R기, -H기가 탄소의 네 팔에 하나씩 붙어 있으며, 아미노산의 종류에 따라 R기가 달라진다.

아미노산은 체내에서 합성되지 않는 필수아미노산과 합성되는 비필수아미노산으로 나뉜다.

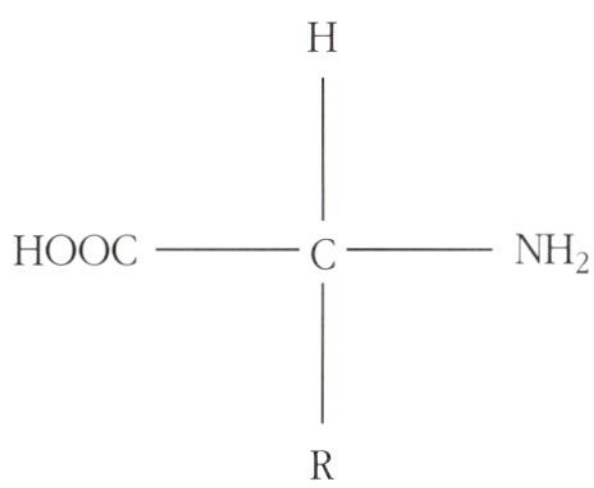

그림 2-4 아미노산의 기본 구조

> **필수아미노산**
>
> 이소루신(isoleucine) 페닐알라닌(phenylalanine) 루신(leucine)
> 트레오닌(threonine) 리신(lysine) 트립토판(tryptophan)
> 메티오닌(methionin) 발린(valine)
> 히스티딘(histidine)-성장기에만 필수

(2) 단백질의 분류

단백질은 그 조성에 따라 아미노산으로만 구성된 단순단백질, 아미노산 이외에 당과 지질 등을 함유한 복합단백질과 단백질을 열 또는 가수분해에 의하여 부분적으로 분해하여 만든 유도단백질 등이 있다.

단백질은 또한 영양적으로 중요한 의미를 갖는 필수아미노산 조성에 따라 완전단백질, 부분적 완전단백질과 불완전단백질로 나뉜다. 동물의 성장에 필요한 필수아미노산이 골고루 들어 있는 완전단백질에는 우유의 카세인, 달걀의 알부민과 글로불린이 있다. 불완전단백질에는 필수아미노산이 결여되어 있으므로 부족한 아미노산을 보완할 수 있는 보충식이가 필요하다. 이를 아미노산의 상호 보강효과라고 한다.

(3) 단백질의 기능

식품에 있어서 단백질의 역할은 가장 중요한 영양소인 필수아미노산의 공급이 중요하지만, 영양적인 면 이외에도 생화학반응의 촉매기능, 물성학적 기능, 생리활성 물질로서의 기능 등이 다양하게 밝혀지고 있다. 단백질은 체내에서 세포막의 구성 성분이며, 근육, 머리카락 등의 조직과 혈액 중의 혈청단백질, 효소, 호르몬과 면역항체 등을 형성한다.

4) 무기질

무기질은 식품성분 중 유기물과 수분을 뺀 부분으로, 유기질의 산화 후에 남는 재의 성분이다. 이를 회분이라고도 하며 다른 물질로부터 합성 또는 전환되지 못하므로 음식물로 섭취해야 한다. 무기질은 하루에 100mg 이상 필요한 다량원소와 그 외의 미량원소로 분류된다. 다량원소에는 Na, K, Ca, Mg, P, S, Cl 등이 있으며, 미량원소에는 Fe, Cu, I, Zn, Co, Cr, F 등이 포함된다.

(1) 산 생성원소와 알칼리 생성원소

무기질 중에 Na, K, Ca, Mg와 같이 Na^+, K^+, Ca^{2+}, Mg^{2+} 등의 양이온을 생성하는 것을 알칼리 생성원소라 하고, P, S, Cl과 같이 PO_4^{2-}, SO_4^{2-}, Cl^- 등 음이온을 생성하는 것을 산 생성원소라 한다. 식품이 몸 안에서 산화·연소되고 남은 무기질성분의 수용액이 산성이냐 알칼리성이냐에 따른 것으로서, 양이온 생성성 무기질이 많은 식품을 '알칼리성 식품', 음이온 생성성 무기질이 많은 것을 '산성 식품' 이라고 한다. 인체의 혈액은 pH 7.4로 유지되고 있으나 현대인의 식생활에서는 동물성 식품과 같은 산성 식품의 섭취가 늘면서 혈액의 pH 조절이 어려워져 많은 만성 질환의 원인이 되고 있다.

표 2-2 식품의 산도와 알칼리도

산성식품		알칼리성 식품	
식품명	산 도	식품명	알칼리도
백미	4.3	시금치	15.6
밀가루	3.4	생강	21.1
참치	15.3	귤	3.6
대합	7.5	감	2.7
오징어	29.6	미역	260.8
김	5.3	다시마	40.8
닭고기	10.4	감자	5.4
돼지고기	6.2	고구마	4.3
난황	19.2	우유	0.2
치즈	4.3	대두	10.2
맥주	1.1	포도주	2.4
청주	0.5	커피	1.9

(2) 무기질의 기능

체내에서 무기질의 주요기능은 신체의 골격을 형성하는 것으로서, 칼슘(Ca)과 인(P)의 결합물질이 뼈의 구성성분이 되며 조직에 경직성을 준다. 그밖에 연조직에는 인이나 유황(S)이 많이 존재하고, 혈액 중의 헤모글로빈에는 철(Fe)이, 갑상선호르몬에는 요오드(I)가 많이 포함되어 있다. 또한 무기질은 체액의 산 · 알칼리 평형을 유지해 주며, 효소의 보조인자로서 효소의 기능을 활성화시키고 신경 자극을 맡아 보며 근수축조절 기능을 가지고 있다.

5) 비타민

비타민은 체내의 대사기능에 꼭 필요한 유기물질로서 인체의 정상적인 건강유지에 필수적이며, 몇 가지를 제외하고는 체내에서 합성되지 않으므로 음식물로 섭취해야 한다.

표 2-3 무기질의 급원식품 및 기능

종 류	급원식품	체내 주요 기능
칼슘(Ca)	우유, 치즈, 녹황색 채소, 말린 콩	뼈, 치아형성, 혈액응고, 신경전달, 근육수축
염소(Cl)	소금 함유식품, 채소와 과일	물의 균형, 삼투압 조절, 산 · 염기 균형, 위산생성
마그네슘(Mg)	전곡, 견과류, 녹색잎 채소	단백질 합성, 효소활성화, 신경 · 심장기능 조절
인(P)	우유 및 유제품, 어육류, 곡류	뼈 · 치아형성, 산 · 염기 균형
칼륨(K)	녹황색 채소, 콩류, 바나나, 우유	신경전달, 산 · 염기 균형, 물의 균형
나트륨(Na)*	육류, 김치류, 장류, 베이킹소다 또는 화학조미료(MSG) 함유식품	산 · 염기 균형, 물의 균형, 신경전달
유황(S)	육류, 달걀, 콩류, 조개, 밀의 배아	산 · 염기 균형, 해독작용, 세포 단백질의 구성
철(Fe)	간, 굴, 육류, 녹색잎 채소	헤모글로빈의 구성성분, 에너지대사 과정의 효소 구성성분
아연(Zn)	식품 중에 널리 분포	효소 활동에 관여, 미각 및 면역력유지, 상처회복
셀레늄(Se)	해조류, 육류, 곡류	항산화제 역할, 세포막 유지
구리(Cu)	간, 굴, 코코아, 견과류	헤모글로빈 합성, 뼈의 석회화
요오드(I)	해조류	갑상선 호르몬의 구성성분, 기초대사율
불소(F)	불소첨가 음료, 해조류	골격 형성, 충치 예방

* 한국인 일일 나트륨 섭취기준은 충분 섭취량(AI) 1,500mg(소금 3.75g), 상한섭취량(UL) 2,000mg(소금 5g)이다(KDRI, 2005).

칼슘의 보고 추어탕

칼슘은 뼈의 건강을 위한 필수성분이지만 항상 섭취량이 권장섭취량(20~29세 남녀 기준, 700mg)에 못 미치는 영양소이다. 칼슘의 급원식품으로는 우유, 유제품, 뼈째 먹는 생선을 들고 있는데 우리나라 성인 중에는 소화가 안 되어 우유를 마시지 못하는 사람들이 많다. 이러한 사람들은 요구르트를 섭취하거나 뼈째 먹는 생선으로 칼슘을 공급받아야 하는데, 멸치나 뱅어포보다도 한 끼니에 많은 칼슘을 섭취할 수 있는 방법이 바로 미꾸라지로 만드는 추어탕이다. 미꾸라지는 칼슘의 뛰어난 급원식품이며 그 외에 철, 비타민 A와 D, 필수아미노산인 트립토판과 메티오닌, 황산 콘드로이친 등이 풍부하여 뼈의 건강뿐 아니라 뇌와 피부, 혈관의 건강에 도움을 줄 수 있다. 미꾸라지 100g당 칼슘 함량은 900mg, 추어탕 1인분에는 약 500mg 이상의 칼슘이 들어있다. 반면, 우유 1컵(200mL)에는 200mg의 칼슘이 들어있다.

비타민은 용해성에 따라 수용성 비타민과 지용성 비타민으로 구분된다. 수용성 비타민은 많은 양을 섭취해도 체내에 저장되지 않고 배설되므로 매일 필요한 양을 식사를 통해 섭취하는 것이 좋다. 또한 체내에서 당질 · 지질 · 단백질 대사에 관여하는 여러 보조효소의 구성성분으로서 신진대사를 조절하는 윤활유 역할을 한다.

지용성 비타민은 물에 녹지 않고 기름에 녹으며, 많은 양을 섭취하면 체내에 상당량이 저장될 수 있으므로 결핍증이 서서히 나타나며, 지나치게 많은 양을 장기간 섭취한 경우에는 과잉증이 나타날 수 있다.

(1) 수용성 비타민

수용성 비타민은 크게 비타민 B 복합체와 비타민 C로 나눌 수 있다. 비타민 B 복합체는 흡수된 후 장점막이나 간에서 각각 조효소의 형태로 전환되어 생체대사에 참여한다. 비타민 C는 포도당과 유사한 구조를 가진 물질로써 환원형과 산화형의 두 가지 형태로 존재하여 항산화제의 역할을 한다. 또한 체내에서 세포와 세포의 결합에 필요한 콜라겐 형성에 관여하며 결핍되면 상처의 치유가 잘 안 되고, 바이러스에 대한 저항성은 감소한다.

표 2-4 수용성 비타민의 급원식품 및 기능

종 류	급원식품	체내 주요 기능
비타민 B_1(thiamin)	곡류, 배아, 돼지고기	에너지 대사에 관여, 이산화탄소 제거반응의 조효소
비타민 B_2(riboflavin)	우유, 육류, 채소류	조효소의 구성물질
니아신(niacin)	우유, 곡류	에너지 대사에 관여, 산화환원작용에 관여
비타민 B_6(pyridoxine)	식품에 널리 분포	단백질 대사에 관여, 적혈구 형성에 관여
비타민 B_{12}(cobalamine)	육류, 간(식물성 식품에 없음)	DAN 합성에 관여
엽산(folic acid)	콩, 녹황색 채소, 곡류, 배아식품	아미노산과 핵산의 합성에 관여
판토텐산(pantothenic acid)	식품에 널리 분포	조효소 A(Co A)의 구성물질
비오틴(biotin)	식품에 널리 분포	지방, 단백질, 글리코겐 합성에 관여
비타민 C(ascorbic acid)	감귤류, 토마토, 고추	콜라겐 합성에 관여

(2) 지용성 비타민

지용성 비타민은 물에 녹지 않고 기름에 녹기 때문에 지방과 함께 섭취해야 흡수가 잘 된다. 비타민 A는 시력과 상피세포의 유지에 관여하며, 비타민 D는 항구루병 인자로 알려져 있으며, 칼슘과 인의 장내 흡수를 돕고 뼈에 칼슘을 침착시키는 역할을 한다. 비타민 E는 생체 내에서 산화로 인한 세포막 손상을 방지하는 항산화성이 있다. 비타민 K는 혈액응고에 관여하며, 장내 미생물에 의해 합성되어 이용가능하므로 정상인에서 결핍되는 일은 드물다.

표 2-5 지용성 비타민의 급원식품 및 기능

종 류	급원식품	체내 주요 기능
비타민 A	우유, 버터, 간유, 녹황색 채소 및 과일	눈의 건강 유지(야맹증 예방), 상피세포 보호
비타민 D	간유, 버섯	뼈의 성장과 석회화 촉진, 칼슘 흡수 증진
비타민 E	씨앗, 녹황색 채소, 마가린, 쇼트닝	세포손상을 막는 항산화기능
비타민 K	녹황색 채소, 곡류, 과일, 육류에 소량	혈액응고

항산화 영양소

현대인들은 오염된 환경, 부적절한 식생활, 과중한 업무, 흡연 등 다양한 스트레스에 노출되어 있다. 이러한 경우 인체에서는 스트레스를 이기기 위하여 항산화 영양소를 다량으로 요구하게 된다. 항산화 영양소는 육체적·정신적 스트레스로 인하여 발생하는 산화력 강한 물질들이 인체의 세포막을 손상시켜 방어체계를 무너뜨리는 것을 막는 수호신이다. 항산화 영양소로는 비타민 A, C, E와 무기질인 셀레늄이 대표적인 물질이다. 이들 항산화 영양소들은 인체 내에서 상호 보완효과를 가지므로 어느 한 영양소가 부족되면 다른 영양소로라도 보충을 해야 인체의 건강이 유지된다. 미국에서 조사한 바에 의하면 산화적인 스트레스를 강하게 받고 있는 흡연자는 하루 200mg 이상의 비타민 C를 섭취해야 정상적인 혈청 비타민 C 농도를 유지할 수 있으며, 담배 한 개피의 흡연은 체내 비타민 C의 약 25mg 정도를 소비하게 한다. 따라서 미국에서는 흡연자의 비타민 C 권장량을 비흡연자의 2배로 정하였다.

6) 물

물은 식품이나 생명체 내에 함유량이 가장 높고, 각종 생화학 반응, 물질운반, 삼투현상 등의 생리적 기능에 관여하는 필수성분이다.

식품 중의 수분은 용매로, 또는 운반체로 작용함으로써 식품 내부의 화학적 변화를 촉진한다. 식품 내의 수분함량은 부패를 일으키는 미생물들이나 독성성분을 형성하는 미생물들의 성장과 깊은 관계를 갖는 등 미생물학적 의의가 깊다고 할 수 있다. 또한 영양학적으로도 신체 내의 물의 역할은 체내 항상성 유지의 측면에서 볼 때 중요하며, 신체 내 수분의 10%를 잃으면 신체기능의 장애가 일어난다.

보통 우리가 섭취하고 있는 자연 또는 가공식품류의 수분함량은 표 2-6과 같다.

우리 몸은 항상 일정량의 수분을 체내에 보유해야 하기 때문에 수분의 배설량과 섭취량의 균형을 이루어야 한다. 일반적으로 성인은 호흡, 가래, 소변 및 대변을 통해서 약 2.5L의 물을 배출하므로 음료수나 식품을 통해서 이 정도의 수분을 섭취해야 한다.

표 2-6 식품 중의 수분함량의 예

식품의 종류	수분함량(%)	식품의 종류	수분함량(%)
해파리	99.9	쌀(백미)	14.1
가자미	83.7	밀가루	11.1
맛살	89.9	우유	87.6
새우	83.5	아이스크림	65.3
딸기	91.1	토마토주스	92.6
복숭아	92.1	꿀	14.3~20.6
수박	94.5	밥	65.0
배추	94.7	식빵	26.1

2. 식품 속의 기타 성분

식품에는 영양기능, 감각(기호)기능, 그리고 생체조절기능의 세 가지 역할이 있다. 영양기능은 주로 앞서 설명한 6대 영양소의 생명유지기능을 의미하며, 감각기능은 기호성분의 감각적, 관능적 역할을 말한다. 생체조절기능은 줄여서 기능성이라고도 하는데, 유해물질의 중화, 해독, 배설, 함께 섭취한 다른 물질의 흡수 촉진 등의 기능 및 혈압이나 콜레스테롤의 감소 등과 같이 생체리듬조절 및 질병의 예방과 관련된 다양한 역할을 포함한다. 이와 같이 기능성을 가진 식품성분 중 최근 학계와 산업체의 관심 대상이 되는 성분들은 다음과 같다.

1) 식이섬유

식생활이 서구화되면서 곡류의 섭취와 함께 식이섬유(dietary fiber)의 섭취가 줄어드는 추세에 따라 식이섬유의 중요성이 새롭게 평가받고 있다. 예전에는 영양적 가치가 없는 물질로 여겨지던 식이섬유였지만, 최근 당뇨병, 관상심장질환, 대장암 등과 같은 만성 퇴행성질환의 발생률 증가가 식이섬유의 섭취량 감소와 관련성이 있다는 연구결과들이 나오면서 많은 관심을 끌게 되었다. 초기에 식이섬유는 소화되지 않는 식물구조물로 정의되었으나 생리활성에 대한 연구가 거듭되어 그 범위가 넓어지고, 식품의 국제교류 활성화, 영양표시제 등이 시행되면서 식이섬유에 대한 보다 명확한 정의가 필요하게 되었다. 따라서 2003년 학계에서는 식이섬유에 대하여 '인간의 소장 내에서 소화, 흡수되지 않으며 대장에서 부분적으로 혹은 완전히 발효되는 식물의 가식부분과 탄수화물 유사체' 로 정의하였으며, 식물성뿐 아니라 동물성 식품 성분, 일반적으로 가식부분으로 분류되지 않던 부분을 모두 포함하게 되었다. 이러한 식이섬유로는 갑각류의 키틴, 키토산, 탄수화물과 단백질의 혼합체인 곡류의 껍질, 식품의 가공과정에서 생성되는 저항전분, 올리고당 등이 있다.

식이섬유는 종류에 따라 물리적 · 화학적 특성 및 생리작용에 차이가 있다. 식이섬유가 가지고 있는 수분보유능력, 점성, 결합력, 흡착력, 발효성 등의 특성들이 다음의 생리활성기능과 관련이 있다.

- 식이섬유는 변의 부피를 증가시킴에 따라 배변작용을 돕는 효과를 갖는데, 이는 식이섬유의 수분보유능력에 기인한다.
- 가용성 식이섬유는 혈청 및 간의 콜레스테롤 함량을 낮추는 효과를 갖는다. 또한 좋은 콜레스테롤로 알려진 HDL-콜레스테롤의 비율을 높여줌으로써 심장 및 순환기계 질환에 대한 예방 및 치료효과가 있다.

- 식이섬유의 섭취는 당뇨나 비만 환자에게 꼭 필요한데, 이는 식이섬유의 점성으로 인해 포도당의 흡수를 지연시킴으로써 혈중 포도당의 농도를 느리게 올려주고 인슐린 요구도를 낮추기 때문이다. 특히 과일에 많이 함유되어 있는 펙틴물질이나 검류와 같이 물에 비교적 잘 녹는 식이섬유는 식후 혈당상승과 인슐린 분비를 억제하는 효과가 크다.
- 식이섬유를 충분히 섭취하면 대장암을 예방할 수 있다. 고섬유식은 장내에서 변의 양을 증가시키므로 담즙산같은 암 유발물질을 희석시키며 음식물의 대장 통과시간을 단축시킨다.

그러나 위와 같이 많은 유익한 효과를 보이는 식이섬유도 과잉섭취하게 되면 오히려 해가 될 수도 있다. 고식이섬유식은 음식물이 장을 통과하는 속도를 빠르게 함으로써 장이 약한 사람들에게는 장점막을 손상시키거나 미량영양소의 흡수율을 떨어뜨릴 수 있으므로 노인, 어린이, 임산부, 빈혈이나 골다공증을 갖고 있는 사람들에게는 고식이섬유 식사 처방에 주의를 요한다. 한국영양학회에서는 2005년 한국인 영양섭취기준(KDRI)을 제정하면서 식이섬유의 영양섭취기준으로 충분섭취량(adequate intake: AI)을 선택하여 12g/1,000kcal로 정하였다. 이 양을 1인 1일 섭취량으로 환산하면 성인의 경우 25~30g/day 정도가 된다.

2) 기능성 지질

지질의 주요 구성성분인 지방산은 소화관 내에서 더 이상 가수분해되지 않고 직접 흡수되어 그 자체가 생리활성을 갖는 경우가 많으므로, 효과적인 기능성 식품의 하나로서 주목받고 있다. 에스키모인들은 백인에 비해서 심근경색과 뇌경색 등 순환기계 질환의 발병률이 낮은데, 이는 이들이 주식으로 하는 생선류의 지방 내에 고도불포화지방산인 EPA(eicosapentanoic acid)와 DHA(docosahexanoic acid)의 효과인 것으로 밝혀지고 있다. EPA와 DHA는 혈액 중의 중성지방과 콜레스테롤을 감소시키고, 혈소판 응집작용과 혈액점도를 저하시키는 기능이 있다.

유지는 탄수화물이나 단백질에 비해 2배의 열량을 내므로, 이의 과다섭취는 심장질환, 비만과 암의 유발 등 건강상의 문제가 되고 있다. 따라서 지질로부터의 열량 섭취는 낮추면서도 특유의 기능성, 즉 필수지방산이나 기타 생리활성물질의 섭취는 증가시켜야 할 필요에 따라 재래의 유지류를 변형가공한 신소재의 개발이 이루어지게 되었다. 이를 기능성 지질이라고 하며 고도불포화지방산, 중쇄지방산, 지방산 알코올, 인지질, 토코페롤, 카로티노이드, 세사민 등이 이에 속한다. 이들은 각 용도에 따라 식품, 의약품, 화장품, 유화제, 계면활성제 등에 폭넓게 이용되고 있다.

3) 항암성분, 피토케미칼

식물성 식품 속에 들어있지만 6대 영양소의 부류에 들어가지 않는 성분들을 통칭하여 피토케미칼(phytochemicals)이라고 하며, 이들은 식품 속에 색소나 향미, 맛성분으로 들어있다. 이들의 항암 활성은 항산화제로 작용하거나 호르몬과 비슷한 작용을 함으로써 나타나는데, 대부분 색이 진한 채소나 과일류에 많이 들어있다. 대표적인 피토케미칼로는 토마토의 리코펜, 붉은 고추의 캡사이신, 차에 함유된 플라보노이드, 녹황색 채소의 베타 카로틴, 강황 속에 있는 커큐민, 적포도주의 레스베라트롤, 브로콜리 속의 이소티오시아네이트, 각종 과일, 커피, 코코아 등에 있는 페놀류 등을 들 수 있다. 그 외에 색이 진하지 않은 항암식품으로는 대두의 피토스테롤, 전곡류의 리그난, 마늘과 양파의 황화합물 등이 있다. 피토스테롤은 암 외에도 순환기계 질환에 도움이 되고 있다. 포도주와 올리브, 토마토, 바질이나 차이브, 레몬 등을 상식(常食)하는 지중해 지역의 사람들에게 심순환계 질환이 적은 이유 또한 여기서 찾을 수 있으며 많은 영양학자들은 지중해식 식습관을 바람직한 것으로 소개하고 있다.

표 2-7 식품 속의 피토케미칼과 기능

피토케미칼	기 능	급원식품
안토시아닌	항암, 항산화, 항궤양 효과	검은색 식품(깨, 쌀, 콩, 올리브, 버섯, 오디 등)
레스베라트롤	순환기계질환 예방	적포도주, 땅콩
리그난	항암효과	아마씨와 기름, 전곡류
모노터핀(리모넨)	항암효과	감귤류의 과피와 기름
사포닌	항암효과, 면역강화	대두, 인삼, 새싹, 녹엽채소
이소티오시아네이트	항암효과	브로콜리, 십자화과 채소
인돌	항암효과	브로콜리, 십자화과 채소
카로티노이드(베타카로틴, 리코펜 등)	항산화, 항암효과	녹황색 채소와 과일(살구, 브로콜리, 당근, 호박, 시금치, 고구마, 토마토)
캡사이신	순환기계질환 예방	고추
커민	항암효과	강황(커리분말)
퀘세틴	알레르기 반응 저하, 항암효과	마늘, 양파, 배, 포도, 케일, 잎상추
키틴, 키토산	순환기계질환 예방, 항암효과	갑각류(새우, 게 등)
타우린	순환기계질환 예방	해산물
탄닌	항산화, 항암효과	포도, 콩, 포도주, 차
페놀산	항암효과	커피콩, 코코아, 귀리, 대두, 감자, 과일(사과, 포도, 귤, 배, 프룬)
플라보노이드	항산화, 항암효과	녹차, 감귤류, 대두, 전곡, 셀러리, 올리브
피토스테롤	항암효과, 골다공증 예방효과	대두와 그 제품
피틴산	암 원인물질 배출	전곡류
황화합물	항암효과	마늘, 양파, 십자화과 채소

건강하게 오래 살기 위해 먹어야 할 식품 10가지

2002년 미국의 시사주간지인 〈타임〉은 건강한 삶을 다룬 기획기사에서 천연 영양소와 화합물이 듬뿍 든 음식이야말로 질병치료제일 뿐 아니라 장수의 지름길이라며 10가지 몸에 좋은 식품을 적극 섭취할 것을 권했다. 이 10가지 식품은 전 세계에서 사용되며 주로 암, 면역력 저하, 치매, 고혈압 등 고질적인 질환에 대해 예방 효과가 있는 식품들로 이루어져 있다. 이 식품들은 여러 나라의 역학연구 결과와 미국의 권위 있는 대학들의 연구자료를 취합하여 얻어낸 결정체이다. 다음은 권장식품의 효능이다.

1. **토마토** : 항산화제인 리코펜의 보고로 전립선암, 폐암, 위암의 발병 위험률을 감소시키고 인지기능과 심순환계 질환 감소시킨다.
2. **시금치** : 마늘 다음으로 항산화능이 크고 엽산이 풍부하며 암과 심장질환, 인지력 저하를 예방한다. 켄터키대학의 연구에서 엽산은 치매 예방인자로 알려져 있으며 생으로 섭취하거나 데쳐서 섭취하거나 모두 효과적이다.
3. **적포도주** : 보라색의 포도주스는 오렌지나 토마토의 4배에 달하는 항산화력을 보유하고 있으며 적포도주 역시 항산화력이 뛰어나다. 포도주 소비량이 많은 프랑스에서는 적포도주를 장복하면 각종 질병으로부터의 위험률이 감소한다고 하나 적포도주는 하루 두 잔 정도로 제한하고 포도주스를 권하고 있다.
4. **견과류** : 하버드대학의 연구에 의하면 일주일에 140g 정도의 견과류를 섭취하면 여성에서 심장발작으로 인한 사망률이 40%나 감소하였으며 남성에서는 치명적인 부정맥 예방 효과가 있었다. 잣, 호두나 아몬드 등은 1가 불포화지방산과 omega(ω)-3지방산이 풍부하여 혈중 콜레스테롤을 낮추므로 무가염 견과류 섭취를 권장하고 있다.
5. **브로콜리** : 설포라페인이 들어 있어 유방 · 대장 · 위암 발생 억제에 효과가 있다. 또 섬유질과 비타민 C가 풍부해 미용효과도 뛰어나다.
6. **귀리(한국에서는 보리로 생각해도 좋다)** : 미네소타대학의 연구에 의하면 전곡류 섭취를 증가시키면 사망률이 감소한다고 한다. 귀리나 보리 등에는 항암성분이 함유되어 있으며 식이섬유가 많아 혈당을 조절할 수 있다.
7. **연어(고등어 등 등푸른 생선)** : Omega(ω)-3 지방산이 다량 함유되어 있어 만성 질환을 예방하고 사고력을 유지시키며, 심장박동을 안정화 한다. 혈전방지와 관절염 예방 효과도 있다.
8. **마늘** : 독일의 연구에 의하면 항산화능이 강하여 마늘을 장복하면 평생 암과 심장질환을 피해갈 수 있다고 한다. 또한 발암 후에라도 생존기간을 늘릴 수 있다고 한다. 마늘은 조리하기 전에 찧어 10여 분 방치하면 유익한 성분이 더 많이 방출된다.
9. **녹차** : 하버드대학의 연구에 의하면 항산화능이 뛰어나 하루에 한 컵으로도 심장병 발병 위험률을 50% 정도 감소시킬 수 있다고 한다. 홍차나 녹차는 거의 동일한 효과를 보이는 것으로 알려져 있으나 투프츠대학의 연구에 의하면 우린 차나 티백에 비하여 인스턴트 차나 캔에 들어있는 차는 효과가 거의 없다고 한다.
10. **머루(블루베리)** : 투프츠대학의 연구에 의하면 항산화 성분이 풍부하여 1일 반 컵 섭취로 노화가 지연되며 뇌의 퇴화 예방과 건망증 예방에 효과가 있을 수 있다.

연 습 문 제

1 식품의 영양적 가치를 평가할 때 가장 중요하게 생각되는 기준은 무엇인가?

2 전분이나 포도당과 식이섬유의 기능적 차이점을 생각해 보자.

3 영양소와 질병의 관계를 연관지어 생각해 보자.

인터넷사이트

1 http://www.kns.or.kr (한국영양학회)
2 http://www.dietnet.or.kr (대한지역사회영양학회 식생활정보센터)
3 http://www.kfda.go.kr (한국식품의약품안전청)
4 http://www.schoolmeal.co.kr (대구학교영양사회)

Foods

for

the

Better

Life

PART 2
맛을 더하는 식생활

Foods for the Better Life

CHAPTER 3

감각으로 느끼는 맛

'맛있다', '맛없다' 라고 하는 것은 기호를 나타내는 마음의 표현이다. 식품을 먹을 때 '맛있다' 고 하는 것은 단지 우리의 혀에서 느끼는 감각으로 결정되는 것은 아니다. 우리 몸에 있는 다섯 가지 감각기관인 미각, 후각, 시각, 청각, 촉각이 느낀 여러 가지 인상을 종합해서 '맛있다' 는 한 단어로 표현하게 된다. 우리는 먹기 전에 시각으로 식품의 겉모양, 색 등을 보고 후각으로 냄새를 맡음으로써 먹고 싶다는 충

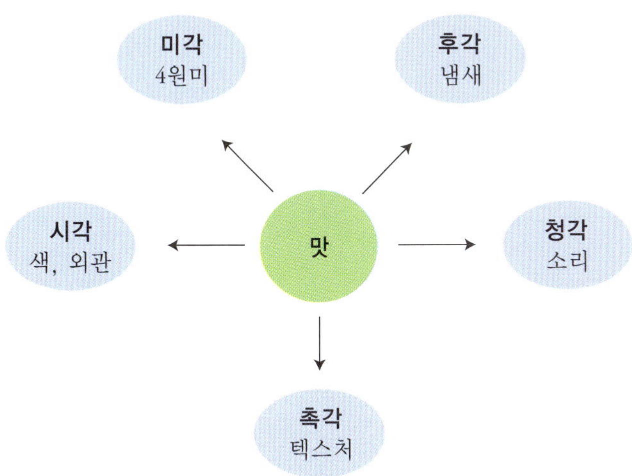

그림 3-1 다섯 가지 감각기관이 느끼는 맛

동을 느끼게 된다. 입 안에서는 다시 후각이 작용하고, 동시에 미각, 청각, 촉각이 작용하여 각 기관의 느낌이 잘 조화를 이루면 '맛있다' 라고 이야기한다. 이와 같이 식품을 먹으면 우리가 생각하고 있는 것보다 복잡하고 다양한 여러 가지 반응과 현상이 일어난다.

1. 시각으로 느끼는 맛, 색과 외관

보기만 해도 '먹고 싶다' 는 강한 느낌을 받을 때가 있다. 이것은 눈으로 느끼는 식품의 색, 모양 때문이다. 아무리 맛이 있어도 시각적으로 만족되지 않으면 먹고 싶지 않을 것이다. 음식을 맛으로 먹는 것이 아니라 멋으로 먹는다고 주장하는 사람들이 있는데 바로 푸드 코디네이터(food coordinator)들이다. 푸드 코디네이터는 식품이나 음식에 시각적인 아름다운 맛을 더하기 위해 예쁜 그릇과 장식소품을 이용해서 정성껏 장식하는 일을 전문적으로 하는 사람들을 말한다.

눈으로 식품의 색과 외관을 볼 수 있는 것은 카메라의 렌즈와 같은 일을 하는 수정체와 필름과 같은 일을 하는 망막이 있기 때문이다. 망막에는 원추모양의 원추세포와 막대기 모양의 간상세포가 있는데, 각각은 색과 외관을 구별한다.

그림 3-2 시각으로 느끼는 맛, 색과 외관

식품에는 각기 고유의 색이 있어 색을 보면서 식품의 냄새와 맛을 연상하게 되는데, 붉은색의 딸기를 보면 향기로운 딸기향과 달콤함을 느낀다. 또한 색은 익은 정도나 신선도를 나타내는 지표이기도 하다. 한편 식품의 외관을 보면 음식이 맛있게 잘 만들어졌는지, 텍스처는 어떤지를 느끼게 된다. 잘 구워진 적당히 부푼 빵을 보면 부드럽고 촉촉한 빵을 연상하며 '맛있겠다' 라고 생각한다. 이러한 시각적 특성은 먹고 싶은 충동을 일으키는 식품의 얼굴과 같다고나 할까?

2. 후각으로 느끼는 맛, 냄새

식품의 맛을 보기 전에 냄새를 맡음으로써 먹고 싶다는 충동을 느끼게 되는데, 특히 식사시간이 가까워지면 냄새는 우리의 식욕을 한층 더 자극하게 된다. 감기에 걸리면 맛을 느끼지 못하게 되는 것은 냄새를 잘 맡을 수 없기 때문이다. 냄새는 맛을 연상시킬 뿐 아니라 신선도나 익은 정도를 판단하는 데도 도움을 준다.

1) 후각은 어떻게 냄새를 느낄까?

숨을 쉬면 냄새내는 물질이 코 안의 후각세포를 자극하여 냄새를 느끼게 된다. 후각세포는 코의 제일 윗부분에 있는 후각상피에 존재하는데, 사람은 100만~200만 개의 후각세포를 가지고 있다. 후각세포의 한쪽 끝에는 머리털 모양의 섬모가, 반대

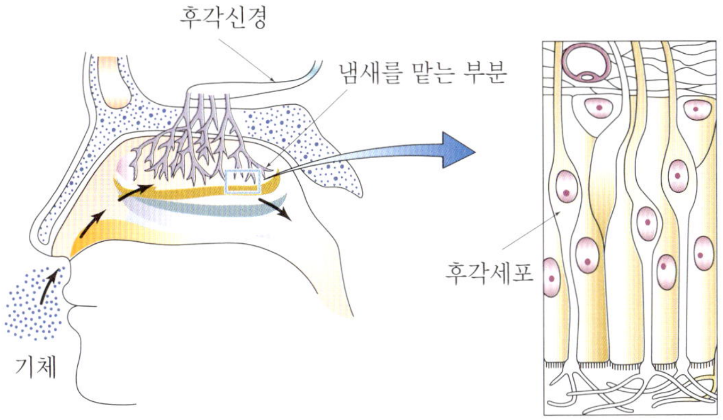

그림 3-3 냄새의 감지

쪽에는 후각신경이 연결되어 있다. 냄새내는 물질이 섬모에 충돌하여 후각세포가 흥분하면 이 자극이 후각신경을 통해 뇌에 전달되어 냄새를 감지하게 된다.

사람이 구별할 수 있는 냄새는 1,600만 가지에 달하지만 표현이 쉽지 않으며, 실제로 이렇게 많은 냄새를 느낀다고 생각하는 사람은 많지 않다.

2) 어떤 물질이 냄새를 낼까?

냄새를 내는 물질은 휘발성이 커서 쉽게 휘발하므로 커피와 같이 향을 즐기는 식품은 완전히 밀봉해서 냉장 보관해야 커피를 마실 때 독특한 향을 느낄 수 있다. 또한 냄새내는 물질은 기름에 잘 녹는다. 먹다 남은 우유나 버터를 냉장고에 넣어두면 같이 보관했던 김치나 양파 냄새가 이들 식품에 베어나는데, 이는 우유나 버터에 지방이 많아서 다른 식품의 냄새를 잘 흡수하기 때문이다.

3) 후각도 피로를 느낄까?

후각은 냄새내는 물질의 농도가 매우 낮아도 쉽게 느낄 수 있다. 그러나 냄새나는 곳에 오래 머무르면 냄새의 강도가 점점 약해지면서 결국 아무 냄새도 느끼지 못하게 되는데 이는 후각이 피로하기 때문이다. 후각은 다른 감각기관에 비해 쉽게 피로하지만 쉽게 회복되기도 하는데, 피로현상과 회복현상은 1~10분 내에 일어난다.

냄새를 잘 느끼려면 짧게 여러 번 숨을 쉬는 게 좋다

무슨 냄새인지 잘 모를 때 끙끙거리며 짧게 여러 번 숨을 쉬면 냄새를 알게 되는 경우가 종종 있다. 이는 후각상피가 코의 맨 위쪽에 있고 냄새를 내는 물질이 이동하는 통로가 매우 좁아서 한꺼번에 숨을 크게 들이마시는 것보다 짧게 여러 번 들이마시는 것이 냄새를 잘 구별할 수 있기 때문이다. 만일 한번에 숨을 크게 쉬면 대부분의 냄새는 후각세포 끝의 섬모에 닿지 못하고 그대로 지나가 버려 냄새를 잘 느끼지 못하게 된다.

음식을 씹을 때도 냄새가 느껴진다

입과 코 사이에는 연결통로가 있어 음식을 씹을 때 만들어지는 냄새물질이 입에서 코의 후각세포로 이동하기 때문이다.

3. 미각으로 느끼는 다양한 맛

식품의 맛은 우리의 기호와 밀접한 관계가 있고 식품의 품질을 결정하는 중요한 요소이다. 식품의 맛은 4가지 기본적인 맛, 즉 단맛, 짠맛, 신맛, 쓴맛으로 나누어지며, 혀의 부위에 따라 기본적인 맛에 대한 예민도가 다르다. 네 가지 기본적인 맛 외에 매운맛, 떫은맛, 아린맛, 구수한맛 등의 특성이 식품의 맛에 복합적인 영향을 준다.

1) 미각은 어떻게 맛을 느낄까?

식품이 혀에 닿으면 다양한 맛을 느끼게 된다. 혀의 표면에는 유두라고 하는 오돌도돌한 돌기가 있고, 유두의 홈에 있는 미뢰가 맛을 감지하게 된다. 대부분의 미뢰는 혀에 분포하지만, 입 천정과 인후에도 미뢰가 있어서 음식을 씹고 삼키는 동안 맛을 느낄 수 있다.

미뢰는 양파모양을 하고 있어 'taste onion' 이라고도 하는데 하나의 미뢰에는 5~18개의 맛세포가 있다. 맛세포의 위쪽에는 머리털 모양의 섬모가 있고, 반대쪽에는 맛신경이 연결되어 있다. 섬모가 모여있는 맛구멍에는 타액이 있어 맛을 내는 물질이 타액에 완전히 녹아 섬모에 닿으면 맛신경을 자극한다. 이 자극이 맛신경을 통해 뇌에 전달되면 맛을 느끼게 된다.

나이가 들면 왜 맛을 잘 느끼지 못할까?

한 사람이 가지고 있는 미뢰의 수는 9만~10만 개 정도인데, 나이가 들면 미뢰의 수가 줄어들어 맛을 잘 느끼지 못하게 되는 것이다. 미뢰가 존재하는 유두는 45세 정도부터 모양이 변화되기 시작된다고 한다.

2) 설탕물은 혀끝으로 맛을 보면 좋다

미뢰는 단맛, 짠맛, 신맛, 쓴맛 등 네 가지 기본적인 맛을 느낄 수 있다. 혀의 위치에 따라 민감하게 느끼는 맛의 종류가 다른데, 단맛은 혀끝에서, 신맛은 혀의 양쪽

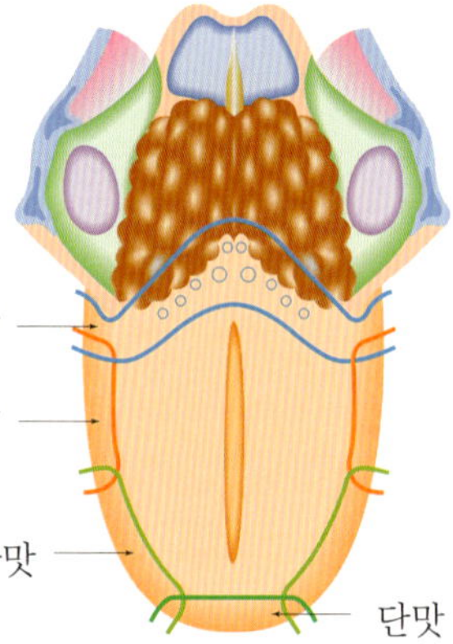

그림 3-4 맛을 잘 느끼는 혀의 위치

옆에서, 짠맛은 혀의 가장자리에서, 쓴맛은 혀의 안쪽인 목구멍 가까이에서 가장 잘 느낀다. 따라서 설탕물의 단맛은 혀끝으로 맛을 볼 때 가장 잘 느낄 수 있다. 또한 쓴맛은 목구멍 가까이에서 가장 잘 느낄 수 있으므로 약을 먹을 때 한번에 넘기지 못해 목구멍 근처에 남게 되면 쓴맛이 강해서 매우 고통스럽다.

3) 커피는 뜨겁게, 청량음료는 차게 마셔야 맛있다

미각이 맛을 가장 잘 느끼는 온도는 20~30°C로서, 이보다 온도가 높거나 낮으면 맛에 대한 민감도가 떨어진다. 그러나 미각이 맛을 잘 느끼는 온도에서 언제나 좋은 맛을 느끼는 것이 아니다. 뜨거운 커피가 식으면 쓴맛과 단맛이 강해져 맛이 없으므로, 쓴맛과 단맛이 그리 강하지 않으면서 조화된 커피의 맛을 느낄 수 있는 뜨거운 커피를 즐기는 것이다. 또한 여름철이면 많이 마시게 되는 청량음료는 차게 마셔야 맛이 좋고 기분이 상쾌하다. 차거운 청량음료는 단맛이 지나치게 강하게 느껴지지 않기 때문이다. 또한 온도가 낮으면 많은 양의 탄산이 녹아 우리의 입안을 자극해서 기분좋게 느껴진다. 음식은 조화된 맛을 느낄 수 있는 온도에서 먹어야 맛이 좋다.

4) 맛성분이 혼합되면 맛이 변할까?

두 가지 맛성분이 혼합되면 특정한 맛이 강해지거나 약해진다. 예를 들어, 구수한 맛을 내는 다시마 끓인 물과 화학조미료를 혼합하면 각각의 맛보다 매우 강한 구수

담배를 피우면 미각이 둔해질까?

같은 농도의 설탕물을 마시다보면 점점 단맛이 약하게 느껴지면서 역치(맛을 느끼는 가장 낮은 농도)가 높아지는데, 이는 미각이 순응하기 때문이다. 담배를 피우면 니코틴의 쓴맛이 계속적으로 미각을 자극하여 쓴맛에 대한 역치가 점점 높아지게 되는 동시에 다른 맛에 대한 민감도도 떨어진다.

미뢰도 화상을 입는다

너무 뜨거운 음식을 먹어 혀를 데이게 되면 미뢰가 손상을 받아 맛을 잘 느끼지 못하게 된다. 손상된 미뢰는 일주일 내에 회복된다고 한다.

한 맛을 낸다. 이와 같이 같은 맛을 내는 두 개의 맛성분이 혼합되었을 때 맛이 상당히 강해지는 것은 '맛의 상승효과' 라고 한다. 구수한 맛, 신맛, 단맛 등은 상승효과를 나타낼 수 있다. 또한 단팥죽의 단맛을 내기 위해 설탕과 소량의 소금을 넣어주면 설탕의 단맛이 훨씬 강하게 느껴진다. 이처럼 소량 사용된 맛성분(소금의 짠맛)이 주된 맛(설탕의 단맛)을 강하게 하는 것을 '맛의 대비' 라고 한다. 쓴맛이 강한 커피나 칡차를 마실 때 설탕을 넣어 마시면 쓴맛이 상당히 완화되는데, 이는 '맛의 억제 또는 상쇄' 라고 한다. 김치가 익어감에 따라 짠맛이 약해지는 것은 김치가 익어감에 따라 만들어지는 유기산이 짠맛을 억제하기 때문이다.

4. 청각으로 느끼는 맛, 소리

보글보글 된장찌개가 끓는 소리, 바삭바삭 과자를 먹는 소리, 아삭아삭 채소를 씹는 소리만 들어도 먹고 싶다는 느낌이 들곤 한다. 이처럼 청각을 자극하는 소리만으로도 맛을 느끼기에 충분하다. 맛있는 샐러드를 먹기 위해 소스를 얹어내기 전까지 차가운 물에 샐러드용 채소를 담가 둔다. 이는 샐러드를 씹을 때 나는 아삭아삭한 소리로 청각을 자극해서 먹을 때 즐거움을 더하기 위해서이다.

채소는 물을 먹으면 더욱 아삭아삭하다

신선한 채소는 아삭아삭하지만 시들면 아삭거리지 않는다. 신선한 채소의 세포는 물로 꽉 차 있어 팽팽한데, 아삭아삭한 소리는 물로 가득 찬 팽팽한 세포가 터질 때 나는 소리이다. 채소가 시들면 세포 안의 물이 줄어들면서 마치 바람이 빠진 풍선과 같이 되어 아삭아삭하지 않게 되는 것이다. 따라서 샐러드용 채소를 물에 담가 두면 세포가 물로 가득 차서 아삭아삭 씹는 소리가 청각을 즐겁게 해 준다. 여름철 마트에 진열된 채소에 물을 자주 뿌려주는 것도 같은 이유이다.

5. 촉각으로 느끼는 맛, 텍스처

케이크를 먹을 때 입 안에서 느끼는 '부드럽다' 또는 '촉촉하다'는 느낌은 우리의 입맛을 자극한다. 이것은 식품을 입에 넣었을 때 감지되는 식품의 크기, 모양, 수분함량, 지방함량 등에 대한 느낌으로 텍스처라고 한다. 텍스처는 주로 입 안에서의 촉감으로 느끼지만, 외관을 볼 때, 손으로 살짝 눌러볼 때, 수저로 뜰 때, 씹는 소리에 의해서도 느낄 수 있다.

'단단하다', '질기다', '거칠다', '모래알 같다', '건조하다', '기름지다' 등 식품의 종류에 따라 다양한 텍스처 특성이 느껴지고, 텍스처를 나타내는 어휘도 매우 다양하다. 과자에서는 '부드럽다', '바삭바삭하다', '촉촉하다' 등을, 묵에서는 '탄력성 있다' 등이 느껴진다.

식품산업의 발달과 풍요로운 생활에 따라 새롭고 고급화된 식품에 대한 욕구가

냉동실에 오래 보관한 소프트 아이스크림은 맛이 없다

소프트 아이스크림은 얼음 결정이 매우 작아 부드러운 텍스처 특성을 즐기며 먹는다. 그러나 냉동실에 오랫동안 넣어두면 얼음결정이 커져서 모래알을 먹는 것과 같이 거칠거칠한 느낌이 들면서 맛이 좋지 않게 된다. 이것은 냉동실의 온도가 일정하지 않아서 일부 얼음결정이 녹았다가 다시 어는 과정이 반복되면서 얼음결정이 점점 커졌기 때문이다. 오래 보관할수록 얼음결정은 더 커지고 점점 더 거칠게 느껴져 맛도 점점 나빠지게 된다.

증가되면서 텍스처가 식품의 맛에 매우 중요한 역할을 하게 되었다. 촉촉하고 부드러운 식빵은 맛이 좋게 느껴지지만 건조하거나 질긴 식빵은 맛이 없게 느껴진다. 또한 소프트 아이스크림이 부드럽지 않고 모래알처럼 거칠다면, 이 아이스크림은 '맛없다' 고 느껴질 것이다.

연습문제

1 맛을 느끼는 감각기관에 대해 알아보자.

2 식품의 맛이 온도에 따라 변화하는 이유를 알아보자.

3 식품별로 느끼는 텍스처 특성을 알아보자.

인터넷사이트

1 http://www.hellocook.co.kr (헬로우쿡)
2 http://www.menupan.com (메뉴판닷컴)

Foods for the Better Life

CHAPTER 4

다양한 맛이 느껴지는 조리

쌀은 밥을 지어야 먹을 수 있는 것처럼 식품은 조리라는 과정을 통해 먹을 수 있는 음식이 된다. 생선회처럼 단지 생선을 얇게 저며 접시에 예쁘게 담아냄으로써 맛있는 음식이 되는 것도 있지만 대부분의 음식은 복잡한 조리과정을 거친다.

조리가 크게 발달한 것은 불의 발견이다. 생고기를 불에 구우면 잘 찢어지면서 맛도 매우 좋아진다는 것을 알게 되면서 대부분의 조리에 불을 이용하게 되었다. 이에 따라 다양한 음식이 등장하게 되었고, 음식에 대한 가치도 많이 변화되어 과거에 비해 기호적 가치가 많이 강조되었다. 음식은 영양면과 기호면을 다 만족시켜야 최고의 가치를 발휘할 수 있다. 그러나 먹게 되는 동기는 기호에 있으므로 우리의 기호에 맞는 맛있는 음식을 만들도록 조리를 해야 할 것이다.

조리의 가장 큰 매력이라면 자신만의 개성과 창의력을 음식을 통해 표현할 수 있다는 것이다. 나만의 작은 공간에서 새로운 음식을 만들어 보며 자유롭게 개성을 표현하는 것은 우리의 삶을 한층 즐겁고 행복하게 할 것이다.

1. 계량은 조리의 기본이다

음식을 만들기 위해서 가장 먼저 하는 일은 필요한 재료를 필요한 양만큼 일정한 비율로 배합하는 것이다. 맛있는 밥을 지으려면 쌀과 물을 적당한 비율로 배합해야 하는데, 눈짐작으로 대충 배합하면 할 때마다 다른 맛의 밥이 만들어진다. 재료를 정확한 비율로 배합하기 위해 계량기구를 사용하면 늘 맛깔스러운 음식을 만들 수 있어 좋다. 아울러 식품 재료의 낭비가 없어 경제적이기도 하다. 우리나라에서 계량기구가 사용되기 시작한 것은 비교적 최근의 일이지만, 올바른 계량법을 익혀 계량을 생활화하는 것이 삶의 지혜이다.

1) 계량에 필요한 기구

식품의 계량에 필요한 기구로는 부피를 재는 계량컵과 계량스푼, 무게를 재는 주부 저울이 있다.

- 계량컵은 일반적으로 불투명한 재질의 것을 사용하는데 1컵, 1/2컵, 1/3컵, 1/4컵이 한 조로 되어 있다. 투명한 액체용 계량컵은 1컵 또는 2컵 용량으로 만들어져 일정한 간격으로 눈금이 매겨져 있다.
- 계량스푼은 1/4컵보다 작은 용량일 때는 계량스푼을 사용한다. 계량스푼은 1큰술, 1작은술, 1/2작은술, 1/3작은술, 1/4작은술이 한 조로 되어 있다.
- 주부저울은 보통 1kg 정도까지 측정할 수 있는데, 요즈음에는 디지털 방식의 저울이 시판되어 중량을 재기가 한층 편리해졌다.

계량컵과 계량스푼의 관계를 알아보자

1컵의 표준 용량은 1/4쿼트로 약 240ml가 된다. 따라서 계량컵과 계량스푼의 관계는 다음과 같다.

- 1컵 = 16큰술
- 1큰술 = 3작은술
- 1작은술 = 5ml

우리나라에서는 1컵을 200ml로 지정하고 있다.

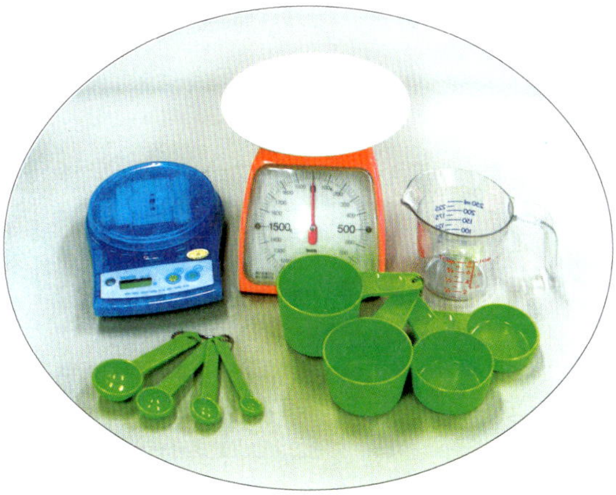

그림 4-1 계량에 사용되는 기구

2) 계량하는 요령

★ 무게를 잴 때는 저울을 이용한다

고기, 두부 등의 무게를 잴 때는 주부 저울을 수평한 곳에 놓고 영점을 조절한 다음 재료를 한가운데 올려놓고 무게를 잰다. 식품을 그릇에 담아 무게를 잴 때는 그릇의 무게를 빼 주는 것을 잊어서는 안 된다.

★ 물, 기름 등의 부피를 잴 때는 액체 계량컵을 사용한다

액체 계량컵을 평평한 곳에 놓고 눈높이를 눈금과 수평이 되게 해서 부피를 잰다. 한편 꿀, 조청, 시럽과 같이 점성이 있는 액체는 일반 계량컵을 사용하여 계량한다.

★ 양이 적은 조미료, 양념 등의 부피는 계량스푼을 이용하여 잰다

가루는 계량스푼에 수북히 담은 다음 표면을 평평하게 깎아준다. 액체는 계량스푼 가장자리에 넘치지 않을 정도로 약간 볼록하게 담아서 계량한다.

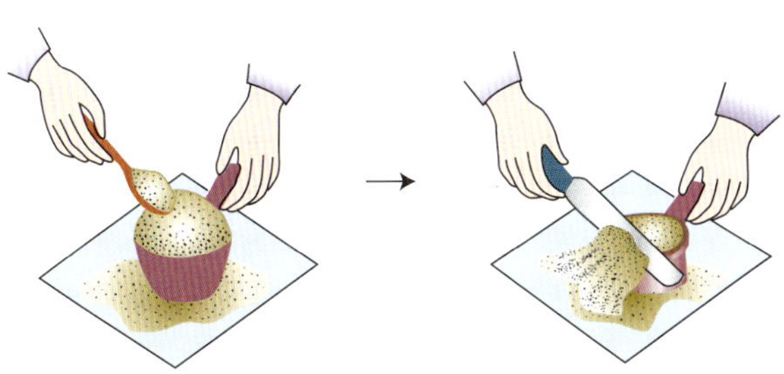

그림 4-2 소금 계량하는 방법

계량기구가 없을 때는 어떻게 계량하면 좋을까?

포장지에 표시된 중량이나 용량을 이용하며, 손을 계량기구로 이용해도 좋다. 손대중하는 요령은 다음과 같다.

- 양념류(소금, 깨, 고춧가루)를 엄지, 검지, 중지 손가락 끝으로 한 줌 집어올리면 약 1/4작은술이 된다.

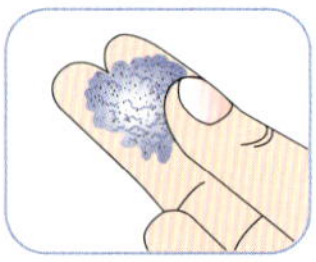

- 양념류를 엄지와 검지손가락 사이로 약간 쥐면 약 1/8작은술이 된다.

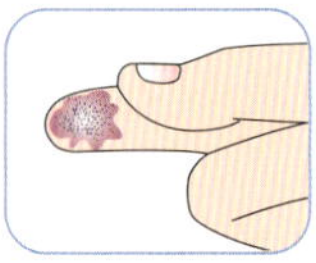

- 다진고기 50g은 엄지와 검지 사이로 동그랗게 집으면 1cm 정도 모자란다.

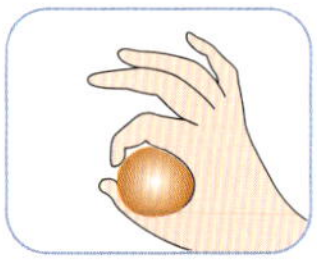

- 콩나물 50g은 손으로 살짝 집었을 때 한 줌 정도이다.

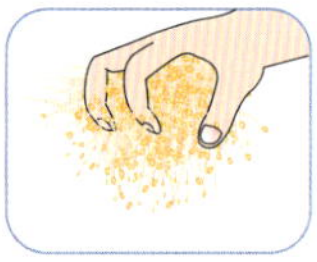

눈대중도 익혀두면 편리하다. 눈대중으로 재는 식품 100g을 익혀보자.

- 두부 : 1/4모(두부 1모는 400g 정도)
- 버터 : 달걀 크기만 한 것
- 토마토 : 반 개(방울토마토는 8개 정도)
- 애호박(큰 것) : 10cm 길이의 토막
- 시금치(뿌리가 큰 것) : 6~7포기
- 조갯살 : 1/2컵
- 대하(손바닥 크기) : 1마리
- 마른 오징어(중간 크기) : 1마리
- 닭다리(중간 크기) : 1개

2. 다양한 조리법이 맛있는 음식을 만든다

불고기를 만들려면 먼저 고기를 얇게 썰고 설탕, 간장, 참기름 등으로 양념하여 잘 섞어 간이 배게 한 다음 볶아낸다. 이처럼 맛있는 음식을 만들기 위해서는 여러 가지 조리법이 연속적으로 사용되어, 하나의 맛있는 음식이 완성된다. 조리법은 크게 열을 사용하지 않는 비가열 조리법과 열을 사용하는 가열 조리법으로 나누어진다. 비가열 조리법에는 씻기, 담그기, 자르기 등이 있다. 대부분의 조리는 가열 조리에 속하는데, 삶기, 찌기 등과 같이 물을 열의 전달매체로 하는 습열 조리법과 굽기, 튀기기 등과 같이 기름을 열 전달매체로 하는 건열 조리법이 있다.

1) 조리의 시작, 씻기

씻기는 식품에 묻어 있는 이물질을 제거하여 위생적이고 안전한 상태로 만들며, 좋은 색과 맛을 유지시켜 준다. 시금치를 데친 후 바로 찬물로 씻어야 푸른색으로 그대로 유지할 수 있으며, 삶은 국수는 바로 찬물에 씻어야 서로 달라붙지 않아 맛이 좋다.

2) 아름다움을 더하는 자르기

그동안 자르기는 껍질이나 벌레 먹은 부분과 같이 단지 조리에 필요하지 않은 부

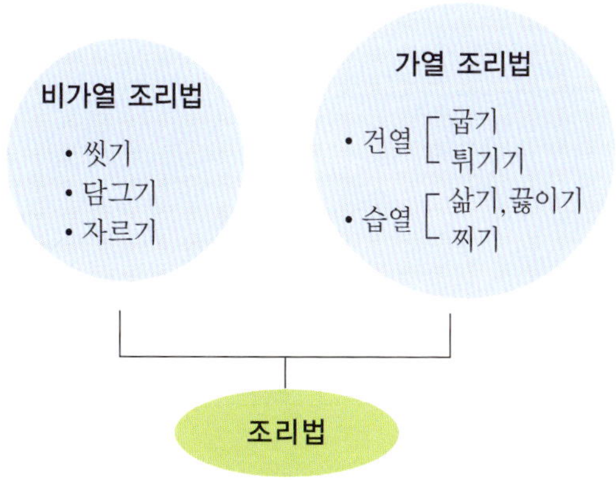

그림 4-3 다양한 조리법

씻는 요령

- 잎채소는 흐르는 물로 씻는다.
- 쌀을 씻을 때 첫 번째는 충분한 물을 사용해서 재빨리 씻어야 한다. 이때 물에 오랫동안 담가두면 쌀에 쌀겨 냄새가 스며들어 밥맛이 좋지 않다.
- 생선은 소금물로 씻는다.
  생선의 표면을 덮고 있는 끈적끈적한 점액에는 생선의 비린내 성분이 녹아 있다. 2~3% 소금물로 씻으면, 점액이 잘 씻겨 내려가 생선의 비린내를 많이 제거할 수 있다.

분을 제거하거나 조리에 적당한 크기로 썰어서 먹기 좋게 만들기 위한 목적으로 사용되었다. 그러나 오늘날에는 다양한 크기나 모양으로 예쁘게 썰어서 음식에 아름다움을 표현하고 있다. 무를 꽃모양으로 정성스레 자르거나 과일이나 삶은 달걀을 물결무늬가 나는 칼로 멋스럽게 잘라 그릇에 담아내면 시각적인 즐거움을 더해 준다.

예쁘게 자르기 위해서는 칼을 잘 사용해야 한다. 칼이 얇을수록 잘 썰어지는데, 칼은 앞쪽일수록 얇다. 부드러운 것은 잡아당기면서 썰면 얇은 칼로 썬 것처럼 잘 썰어진다. 회를 썰 때는 잡아당겨 썰고, 감자와 같이 단단한 것을 썰 때는 눌러 썰어야 한다. 양갱처럼 끈기가 있는 식품은 날이 얇고 잘 썰어지는 칼로 썰면 끈적거리며 눌어붙는다. 이때는 칼날을 적시거나 삶은 달걀을 써는 가는 실 또는 철사를 사

그림 4-4 여러 가지 모양으로 자르기

용하면 쉽게 썰어진다.

3) 새로운 풍미를 만드는 굽기

굽기는 불의 발견과 함께 사용된 가장 오래된 가열 조리법으로, 우리나라에서도 오래 전부터 숯불에 고기나 생선, 채소를 구워서 먹고 있다. 굽기는 온도조절이 어렵고 열효율이 매우 나쁜 원시적인 조리법이다. 그러나 재료가 지니는 본래의 맛을 최대로 유지하면서 구울 때 새로운 풍미가 만들어져 음식을 한층 맛깔스럽게 하기 때문에 오늘날에도 널리 이용되고 있다.

추운 겨울에 많이 찾는 군고구마는 고구마 내부 온도가 50°C 정도를 유지하는 시간이 비교적 긴 것이 맛이 좋다. 50°C 정도에서는 단맛을 내는 효소(아밀라아제)가 잘 작용하여 강한 단맛을 내기 때문이다. 약한 불로 구우면 온도가 서서히 증가하면서 이 효소가 충분히 작용하여 맛이 좋아진다. 전자레인지로 굽는 것보다 뜨겁게 가열한 돌 속에 묻어서 구운 고구마가 달고 맛있는 것도 약한 불로 굽는 것과 같은 효과를 내기 때문이다.

4) 기름의 향미가 느껴지는 튀기기

튀기기는 기름을 열의 전달 매체로 하는 조리법이다. 튀기기는 100°C 이상의 고온에서 조리하므로 단시간 내에 조리가 가능하며, 튀기는 도중에 재료 중의 수분이 증발하여 바삭바삭해지고 튀김기름이 흡수되어 독특한 풍미를 낸다.

생선으로 맛있는 소금구이를 만들려면…

- 생선표면에 칼집을 낸다.
- 굽기 바로 직전에 30cm 정도 높이에서 소금을 골고루 뿌린다. 이때 거친 소금을 사용하는 것이 좋다.
- 지느러미는 알루미늄 호일로 싸서 구우면 지느러미가 타는 것을 막을 수 있다.
- 석쇠를 뜨겁게 달구어 기름을 바른 다음 센 불에서 생선을 굽는다. 너무 가까운 곳에서 구우면 속이 익기도 전에 타 버리므로 열원에서 15cm 정도 떨어진 곳에서 굽는다.
- 윗면을 먼저 노릇하게 굽고 아랫면을 굽는다.

표 4-1 튀김옷을 이용한 튀김온도 확인법

튀김기름에 떨어뜨린 튀김옷의 상태	튀김온도(°C)	적합한 식품
튀김옷이 바로 바닥까지 가라 앉는다.	140~160	감자칩과 같이 튀김옷을 입히지 않은 식품
튀김옷이 중간까지 가라앉았다가 곧 떠오른다.	170~180	생선튀김, 닭튀김 등
튀김옷을 넣자마자 표면에서 흩어진다.	190 이상	크로킷, 굴튀김 등

튀기는 온도는 식품에 따라 조금 차이가 있다. 프렌치프라이는 190°C 이상의 고온에서 튀기며 고기 튀김은 조금 낮은 온도에서 튀긴다. 튀김온도는 튀김옷을 튀김기름에 넣었을 때 떠오르는 속도 등으로 확인할 수 있는데, 전기 튀김기를 이용하면 쉽게 온도를 조절할 수 있어서 좋다.

5) 가열조리의 중심, 삶기와 끓이기

끓이기는 물 또는 맛을 낸 국물을 가열하는 조리법으로 물이나 조미액이 열을 전달하는 매체가 되며, 삶기는 물만이 열의 전달매체가 된다. 이 조리법은 모양을 유지하기가 어렵고 많은 수용성 성분이 물이나 조미액 중으로 녹아 나온다. 끓이기는 함께 끓이는 식품의 맛과 조미료의 맛이 서로 어우러지면서 다양한 맛을 내는 음식이 만들어진다.

육수는 찬물에서 편육은 뜨거운 물에서…

고기로 육수를 만들 때는 고기의 맛성분이 육수로 많이 녹아 나와야 하므로 찬물에 넣고 중불로 가열한다.

고기로 편육을 만들 때는 끓는 물에 넣고 강한 불로 가열해야 표면 단백질이 응고되어 맛성분이 밖으로 녹아 나오지 않도록 해야 맛이 좋다.

된장찌개에는 쌀뜨물을…

쌀뜨물에 된장을 풀어 찌개를 끓이면 찌개에 윗물이 생기지 않고 부드러운 감촉과 구수한 맛을 더해 준다.

6) 기화열을 이용한 찌기

찌기는 수증기의 기화열을 이용하는 조리법이다. 액체 상태의 물이 수증기가 되면 1g당 약 540cal의 기화열을 흡수한다. 식품에 수증기가 닿으면 기화열은 식품에 흡수되고 수증기는 냉각되어 액화되고, 다시 수증기가 되어 식품에 열을 주고 냉각되는 과정이 반복되면서 식품을 가열하게 된다.

찌기는 재료의 모양을 그대로 유지할 수 있고 수용성 성분의 손실이 적으며, 재료 본래의 풍미를 살리는 좋은 조리법이나 찌는 도중에는 맛내기와 온도조절이 어렵다. 모든 재료가 찌기에 적합한 것은 아니다. 예를 들어, 고등어같이 어취가 강한 생선과 가열하면 자극적인 냄새가 나는 양배추 등은 찌기를 할 수 없다.

달걀찜은 100℃보다 낮은 온도에 쪄야 맛있다.

냄비의 물이 끓으면 달걀 담은 그릇을 넣고 뚜껑을 덮은 다음 중탕하는데, 이때 100˚C의 증기로 찌면 수분이 한꺼번에 많이 증발해서 거품이 생긴다. 달걀의 단백질은 60~70˚C에서 응고하므로, 거품이 생긴 채로 굳어버려 찜이 매끈하지 않고 기포가 많아 맛이 없다. 그러므로 맛있는 달걀찜을 만들려면 불을 조금 약하게 하고 뚜껑을 살짝 열어서 수증기가 빠져나가도록 해서 온도를 조금 낮추는 것이 좋다.

3. 음식의 맛을 내는 조미료

음식의 맛은 식품 본래의 맛과 조미료의 맛이 어우러지면서 만들어진다. 조미료에는 단맛, 짠맛, 신맛, 구수한 맛을 내는 것이 있어 우리는 보다 변화있는 다양한 음식의 맛을 즐길 수 있게 되었다. 이처럼 조미료는 식품에 조미료의 새로운 맛을 부여하기도 하지만 식품이 지닌 맛을 강하게 또는 약하게 하기도 하며, 식품재료와 잘 어우러져 새로운 맛을 만들어 내기도 한다.

조미료의 주된 역할은 맛을 내는 것이지만 그 이외에도 여러 가지 역할을 한다. 달걀 삶는 물에 소금이나 식초를 넣으면 달걀에 금이 가도 바로 응고되어 흰자가 밖으로 튀어나오지 않는다. 또한 설탕은 음식에 윤기를 주며, 시금치 데치는 물에 소금을 넣어주면 시금치의 녹색을 선명하게 유지할 수 있다.

1) 단맛을 내는 조미료

단맛을 내는 대표적인 조미료에는 설탕, 꿀, 물엿, 올리고당, 인공감미료 등이 있다. 최초로 사용한 감미료는 꿀이지만 현재는 설탕이 가장 널리 사용되고 있다. 설탕은 비교적 농도가 높아도 쾌적하게 느껴지기 때문이다. 설탕은 신맛, 쓴맛, 짠맛을 부드럽게 하는 작용이 있다. 잼과 같이 많은 양의 설탕을 사용하게 되는 경우, 한꺼번에 넣어주면 잼이 단단해지므로 여러 번에 나누어 넣어주는 것이 좋다.

2) 짠맛을 내는 조미료

짠맛을 내는 대표적인 조미료에는 소금, 간장, 된장 등이 있다. 소금은 단맛을 부드럽고 강하게 한다. 따라서 단팥죽이나 케이크 등을 만들 때 소량의 소금을 넣어주면 부드러운 강한 단맛을 느낄 수 있다. 또한 신맛을 부드럽게 하는 작용이 있어 초무침 등에 빠져서는 안 될 조미료이다. 한편, 간장과 된장은 짠맛을 낼 뿐만 아니라 단백질이 분해되어 만들어진 아미노산이나 펩티드가 구수한 맛을 내기도 하지만 방향성분을 가지고 있으므로, 오래 가열하면 방향성분이 분해되어 맛이 좋지 않다.

3) 신맛을 내는 조미료

신맛을 내는 조미료의 대표적인 것은 식초이다. 식초에는 쌀이나 고구마로 만든 양조초와 사과, 포도 등으로 만든 과일초가 있다. 식초에는 3~5%의 초산이 함유되어 있는데, 휘발성이 강하므로 먹기 직전에 사용하는 것이 좋다. 식초를 사용한 음식에서 빠져서는 안 될 조미료는 소금으로, 소량의 소금을 가하면 신맛과 짠맛이 억제되면서 부드러워진다.

4) 구수한 맛을 내는 조미료

구수한 맛을 내는 조미료는 다른 맛을 부드럽고 쾌적하게 하는 작용이 있다. 대표적인 것으로는 글루탐산의 나트륨염(MSG)이다. MSG는 다시마에서 처음 발견되었으며, 요즈음에는 포도당과 당밀을 원료로 만들거나 화학적으로 합성한다. MSG는 중성 pH에서 가장 구수한 맛이 강하며, 산성에서는 구수한 맛이 감소하므로 식초를 많이 사용하는 음식에는 맨 마지막에 넣어야 한다. MSG는 열에는 비교적 안정하다.

4. 음식의 풍미를 더해 주는 향신료

좋지 않은 냄새를 제거하거나 방부제로서 사용했던 향신료는 로마가 이집트를 정복하면서 본격적으로 사용하기 시작하였다. 당시 유럽의 음식은 초에 절여 건조시킨 정도로서 음식의 맛을 좋게 하는데 향신료를 사용하게 되었다. 향신료는 주로 열대와 온대지방에서 생산되어 유럽으로 전해졌다. 독특한 방향을 가지고 있는 향신료는 미국, 유럽, 아시아 각국에서 음식을 만들 때 많이 사용되고 있으며, 건강요리와 퓨전 요리(fusion food)가 발달하면서 향신료의 사용이 증가되고 있다.

향신료는 식물의 꽃, 잎, 줄기 등을 건조하여 말린 것을 많이 사용하며 100여 종에 달한다. 향신료는 강하고 독특한 향을 내는 스파이스(spice)와 가볍고 상쾌한 향을 내는 허브(herb)로 나뉘어진다. 향신료를 사용하면 수조육류와 생선류 특유의 불쾌한 냄새를 없앨 수 있다. 또한 향신료의 방향성분이 내는 달고 시고 매운맛과 향이 식품과 잘 어우러져 음식의 풍미를 좋게 한다.

각 나라에서 주로 사용하는 향신료에는 차이가 있다. 우리나라에서는 마늘과 후추를, 중국에서는 후추, 계피, 정향(clove)을 사용한다. 영국에서는 세이지(sage)와 돼지고기를, 프랑스에서는 타라곤(tarragon)과 닭고기를, 이태리에서는 베이질(basil)과 토마토를, 중동과 그리스에서는 오레가노(oregano), 딜(dill)과 양고기를 함께 사용한다.

1) 스파이스

스파이스란 라틴어로 '특별한 종류' 란 의미이다. 스파이스는 방향이 강한 열대식물의 열매, 꽃봉오리, 줄기, 뿌리 등을 건조시켜 사용하는데, 보관 도중 방향을 잃기 쉬우므로 주의해야 한다.

음식에 자주 이용되는 스파이스에는 다음과 같은 것들이 있다.

★ 계피(cinnamon)

계피는 상쾌함, 청량감, 달콤함 등과 고상한 향기를 낸다. 고급 과자, 조리용 리큐어, 동양요리에 많이 사용된다. 또한 주스, 칵테일, 홍차, 케이크, 커피 등에도 이용되며 설탕, 버터 등을 곁들여 토스트에 발라 먹기도 한다.

★ 딜(dill)

딜은 꽃뿐만 아니라 잎, 줄기, 종자까지 모두 강한 풍미를 지니고 있어 스파이스 중에서 으뜸으로 꼽힌다. 딜의 씨앗은 고대 이집트 때부터 알려져온 향신료 중의 하나로서 조금 쓴맛을 낸다.

★ 생강(ginger)

아시아, 아프리카, 서인도에서 생산되며, 육류, 생선류, 채소류의 조미, 음료, 과일저장, 과자류 등에 다양하게 이용된다.

★ 올스파이스(allspice)

인도, 멕시코에서 나는 고추의 한 종류로, 완두콩 크기만하며 진한 갈색이다. 정향, 육두구, 계피가루를 합친 것과 같은 맛을 내며 피클, 육류조리, 생선조리, 그레이비, 푸딩, 쿠키, 칵테일 등에 사용한다.

★ 육두구(nutmeg)

달콤하며 특이한 향을 내는 육두구는 핵이나 씨를 사용한다. 육류, 생선의 비린내를 없애는데 이용되며, 제과류, 버섯, 시금치요리, 수프 등에도 사용한다.

★ 정향(clove)

스파이스 종류 중 꽃봉오리를 사용하는 유일한 품종으로 꽃봉오리를 햇볕에 말려서 사용한다.

★ 캐러웨이(caraway)

독특한 향기를 지닌 파라솔 모양의 꽃으로 2년초이다. 잎은 주로 샐러드에 이용하며 씨는 호밀빵, 김치, 돼지고기, 양배추요리, 치즈, 감자, 스튜, 수프 등 여러 가지

요리에 이용된다.

★ 후추(pepper)

까만 후추는 덜 익은 열매이고 완전히 익었을 때는 붉은색으로 변하는데 이것으로 통후추를 만든다. 통후추는 그대로 돼지고기조림, 육가공요리, 피클에 사용되며 분말은 채소, 고기, 생선, 달걀, 소스 등에 이용된다.

2) 허 브

허브는 푸른 풀을 의미하는 라틴어 'herba'에서 유래한 말로서 고대 국가에서는 향과 약초라는 뜻으로 이 말을 사용하였다. 기원전 고대 유럽국가에서 사용되기 시작했던 허브는 음식뿐 아니라 스트레스나 피로를 풀거나 정서안정 등에 효과적인 것으로 알려지면서 건강, 미용용으로도 이용하고 있다. 또한 건조된 허브로 만든 포푸리 등을 장식품으로 이용하기도 한다. 요즈음 허브를 사용한 음료, 샌드위치, 빵, 밥, 샐러드 등이 유행하면서 허브는 우리의 식생활에 매우 친숙한 향신료가 되었다.

★ 로즈마리(rosemary)

열을 가해도 향이 보존되기 때문에 세이지, 백리향과 함께 육류요리에 많이 이용된다. 방향이 강하므로 주요리의 풍미를 살리려면 적게 사용하는 것이 좋다. 우스터소스 향미의 주성분으로 고기요리, 쌀요리, 드링크 등에 폭넓게 사용된다. 세이지, 백리향과 함께 널리 이용되는 로즈마리는 가열해도 향이 유지된다. 향이 강하므로 주요리의 풍미를 살리려면 적게 사용하는 것이 좋다. 우스터 소스, 고기요리, 쌀요리 등에 사용된다.

★ 백리향(thyme)

사향초라고도 하는 백리향은 서양요리에 널리 이용된다. 방부력, 살균력이 뛰어나 육가공품, 피클 등에 이용된다. 백리향으로 끓인 차는 기침, 인후통, 구강염 등에 뛰어난 효과를 내는 것으로 알려져 있다.

★ 베이질(basil)

해열제로 사용되었던 베이질은 박하와 비슷한 향을 낸다. 잎과 줄기를 말린 후 곱게 갈아서 스파게티, 피자 등과 같은 이탈리아 요리에 많이 사용하며 토마토를 이용한 요리에 빠질 수 없는 향신료이다. 향이 오래 지속되므로 오일이나 식초를 만들 때 많이 이용한다. 잎에서 추출한 에센셜오일은 향수에 이용되기도 한다.

★ 세이지(sage)

세이지는 고기나 생선의 지방분을 중화시켜 냄새를 제거하고 내장의 부패를 방지한다. 특히 기름기가 많은 육류요리에 넣으면 느끼함을 줄일 수 있다.

★ 오레가노(oregano)

독특한 냄새와 강한 풍미를 지닌 오레가노는 토마토 요리에 널리 이용되며, 이탈리아 요리나 멕시코 요리에 주로 사용된다. 토마토 소스, 스파게티, 피자에 빠져서는 안 되는 향신료이다.

★ 월계수잎(bay leaves)

월계수 나뭇잎를 건조시킨 것으로 건조시킨 잎은 달고 강한 독특한 향을 낸다. 열을 가하면 은은한 향이 고루 퍼지므로 조림, 구이에 자주 사용된다.

★ 타라곤(tarragon)

향신료의 여왕으로 불리는 타라곤은 약간 매콤하면서 쌉쌉한 맛과 달콤한 향을 낸다. 프랑스 요리에 없어서는 안 될 향신료이다.

그림 4-5 스파이스와 허브

3) 향신료 사용법

- 향신료는 2가지 이상을 섞어서 사용하는 것이 좋다.
- 조리시간이 길면 통째로 사용하는 것이 좋고 조리시간이 짧으면 가루를 사용한다.
- 향신료는 자극성이 강한 향을 내므로 너무 많은 양을 사용하지 않는다.
- 향신료는 주머니에 넣어서 사용하거나 부케가르니(bouquet garni) 형태로 이용한다.

부케가르니란?

'부케가르니'란 말린 향신료의 줄기나 대를 한데 모아 끈이나 천으로 묶은 향신료 다발이다. 부케가르니로 주로 사용되는 향신료는 파슬리 잔가지와 월계수잎 등이다.

4) 향신료를 사용한 음식

(1) 허브오일

허브오일은 가정에서도 쉽게 만들 수 있으며, 가정에서 만든 허브오일은 6주 안에 사용해야 한다. 백리향, 코리앤더를 사용한 허브오일은 생선요리, 수프, 샐러드에 사용하고 로즈마리, 마조람으로 만든 오일은 육류요리에 사용한다.

허브오일 만들기

깨끗이 씻어 말린 허브를 살균한 유리병에 담고, 허브가 잠길 정도로 오일을 부어 종이 뚜껑을 덮는다. 햇볕이 잘 드는 곳에서 2주 정도 숙성시킨 다음 걸러내어 사용한다.

(2) 허브샌드위치

레몬밤, 오레가노, 백리향과 같은 생잎으로 샌드위치를 만들면 상큼한 허브의 향미를 즐길 수 있다.

허브샌드위치 만들기

파슬리, 오레가노, 잣, 마늘, 올리브오일, 파미잔 치즈를 믹서로 갈아 식빵에 바른 다음 치즈를 얹는다. 토마토와 오이를 슬라이스해서 얹고 다른 식빵으로 덮어준다.

(3) 정향(클로브) 머핀

입 안에 넣으면 약간의 매운맛과 감칠맛이 느껴지는 정향은 깨물면 달콤하고 상큼한 맛이 나므로 빵 만들 때 사용하면 좋다.

정향 머핀 만들기

설탕과 버터를 잘 섞어 거품을 내고 난황을 거품을 내서 혼합한다. 달걀(전란)을 거품을 내서 섞어 준 다음, 생크림, 오렌지과즙, 오렌지껍질을 넣고 고루 섞는다. 여기에 밀가루, 베이킹파우더를 넣고 섞은 다음 정향을 곱게 갈아서 잘 섞는다. 머핀 틀에 넣고 180°C 오븐에서 구워내면 맛있는 정향 머핀이 된다.

(4) 허브포도주

포도주와 같은 술에 허브를 담가 허브의 향미를 우려내어 식후에 마시면 소화흡수에 좋다.

허브포도주 만들기

백포도주에 로즈마리를 1주일 정도 담가 두었다가 걸러낸다. 차게 해서 식전에 마시면 식욕을 돋우고, 식후에 마시면 소화를 도와준다.

연 습 문 제

1 식품을 계량하는 방법을 알아보자.

2 달걀을 깨지지 않게 삶는 요령을 알아보자.

3 허브를 이용한 음식 만드는 법을 조사해보자.

인터넷사이트

1 http://www.hellocook.com (헬로우쿡)
2 http://www.herb4u.co.kr (전주허브농장)
3 http://www.hyangwon.com (향원스파이스)

Foods *for the* Better Life

CHAPTER 5

행복한 식탁

멋스러운 식탁은 식사시간을 한층 즐겁고 행복하게 한다. 우리는 값비싼 소재와 고급 식기를 사용하여 화려하게 차린 식탁보다는 평범한 재료와 식기를 사용한 소박하고 편안한 식탁에서 식탁의 아름다운 정취를 흠뻑 느낄 수 있을 것이다. 진정한 식탁의 아름다움은 식탁을 차리는 사람의 마음에서 우러나는 사랑과 정성에서 느껴지는 것이 아닐 까 생각된다.

1. 푸드 코디네이션

푸드 코디네이션(food coordination)이란 음식문화산업의 각 전문가들을 하나로 연결시켜 고부가 가치를 창출하도록 하는 것이며, 이와 관련된 업무를 전문적으로 담당하는 사람을 푸드 코디네이터(food coordinator)라고 한다. 푸드 코디네이터의 활동 영역은 나라에 따라 다소 차이가 있다. 즉, 미국에서는 요리전담 스타일리스트, 음식을 맛깔스럽게 담아내는 푸드 스타일리스트(food stylist), 식탁의 장식소품 등을 담당하는 프롭 스타일리스트(prop stylist), 제과 · 제빵 스타일리스트 등으로 활동영역이 다양화, 세분화되어 있지만 우리나라의 푸드 코디네이터는 요리, 푸드

스타일링, 장식 소품 등에 이르는 모든 분야의 일을 한 전문가가 담당하고 있어 푸드 코디네이션의 발달을 위해 보다 전문화, 세분화가 필요한 실정이다. 전문 푸드코디네이터가 되기 위해서는 요리에 대한 지식, 조리 능력, 식탁 차리기, 식단 작성, 음식문화에 대한 이해, 식사예절, 플라워 데코레이션(flower decoration), 예쁜 그릇과 소품을 고르는 미적인 감각 등이 필요하며, 이 중 가장 중요한 것은 식품영양학적 지식으로, 식품영양학을 전공한 사람들이 전문인으로 적극 활동해야 할 분야이다. 우리나라에서는 몇몇 전문가들이 매우 활발한 활동을 벌이고 있지만 다른 나라에 비하면 아직 걸음마 단계에 있는 직업이다. 그러나 푸드 코디네이터는 메뉴 플래너(menu planner)부터 백화점 등의 요리재료 및 음식 스타일링, 영화 속의 음식 스타일링, 플라워 데코레이션, 식탁 차리기, 파티 플래너, 푸드 저널리스트 등에 이르기까지 다양한 전문 분야로의 진출이 기대되는 유망한 전문직으로 부각될 전망이다.

2. 테이블웨어

식탁을 차릴 때 식사 분위기와 음식에 잘 어울리는 그릇이나 식탁보, 런천매트를 사용하거나 꽃이나 과일 등으로 예쁘게 꾸민 센터피스(centerpiece) 등을 이용하면 더욱 멋스럽게 차려낼 수 있다. 냅킨을 활용하면 한층 격조 있는 식탁 분위기를 낼 수 있으나 가장 중요한 것은 식탁을 차리는 사람의 마음 속에서 우러나오는 정성과 사랑일 것이다. 전통적인 한정식차림에서는 식탁보, 런천매트, 장식 소품 등을 사용하지 않지만 한국적인 우아한 멋을 느낄 수 있는 식탁보 등을 이용하여 전통의 맛을 한층 생생하게 돋우는 식탁을 꾸밀 수 있다.

1) 식기류

식기의 모양과 색상은 식탁의 분위기뿐 아니라 음식의 시각적 맛에 영향을 준다. 식기를 한 가지 색으로 하면 통일감이 있어 산뜻한 분위기를 연출할 수 있다. 음식과 잘 어울리면서 계절감을 느낄 수 있는 색깔이 있는 그릇으로 포인트를 주는 것도 좋다. 무더운 여름에는 시원한 느낌이 들도록 유리그릇을 사용하면 좋고, 가을에는 열매를 상징하는 붉은색 · 주황색 그릇을 이용하거나 베이지나 갈색 그릇을 조화시

그림 5-1 백자를 이용한 한식상차림

켜 정겨운 가을의 분위기를 느끼게 할 수도 있다. 한편 빨강 · 노랑 · 파랑과 같이 정반대되는 원색끼리 배합하면 생동감을 주며, 베이지 · 분홍과 같은 밝은 색상의 꽃무늬 식기는 부드러운 분위기를 만든다.

한식상차림에서는 그림 5-1과 같이 여름철에는 백자나 청자를 많이 사용하고, 겨울철에는 유기로 된 그릇을 많이 사용한다. 흑자는 색이 어두워서 산뜻하고 맛깔스러운 분위기를 내기 어렵지만 식탁보, 장식 소품 등을 이용해서 부드럽고 독특한 멋이 나도록 꾸밀 수 있다.

2) 커틀러리

커틀러리(cutlery)는 우리나라의 숟가락과 젓가락에 해당하는 것으로 그림 5-2와 같이 나이프, 스푼, 포크 등 음식을 먹기 위해 서양인들이 식탁에서 사용하는 도구를 총칭한다. 일명 실버웨어(silverware)라고 하는 커틀러리의 소재는 식기와 잘 어울리는 것을 선택해야 한다. 일반적으로 은도금한 것은 광택 있고 매끄러운 식기와, 스텐레스스틸로 된 것은 표면이 불투명한 식기 등과 잘 어울린다.

그림 5-2 커틀러리

3) 글라스류

일반적으로 사용하는 잔은 유리잔으로, 잔의 커팅된 모양으로 다양한 식탁 분위기를 만들어 낼 수 있다. 화려하게 커팅된 키가 큰 포도주 잔은 기포를 넣은 두꺼운 유리잔과는 전혀 다른 분위기를 낸다. 일반적으로 정찬 식탁에는 화려하고 섬세하게 커팅된 잔을 사용하고 일반 식탁에는 다양한 색상의 단순한 잔을 사용한다.

한편 도자기로 만든 잔은 화려한 유리잔에 비해 우아한 아름다움을 낸다. 곡주용 술잔은 찻잔과 비슷한 모양을 하는데 찻잔보다는 키가 작은 것을 사용하며, 정종잔은 키가 큰 것을 사용한다. 식기와 마찬가지로 재질에 따라 다양한 느낌을 주므로 분위기에 어울리는 재질의 잔을 사용하도록 한다.

4) 린넨류

린넨(linen)이란 식사에 사용하는 언더클로스(under cloth), 테이블클로스(table cloth), 테이블매트(table mat), 냅킨(napkin), 러너(runner), 도일리(doily) 등과 같은 각종 천류를 말한다.

(1) 언더클로스

언더클로스는 식기, 커틀러리, 글라스가 식탁에 부딪히는 소리가 나지 않고 식기 등의 미끄럼을 방지하기 위해 테이블클로스 밑에 까는 천으로 움직이지 않도록 핀 등으로 고정한다. 언더클로스의 소재로는 융이나 면을 많이 사용한다.

(2) 테이블클로스

테이블클로스는 일반적으로 하얀색을 주로 사용하며 격식 있는 식탁에서는 마 소재의 하얀 천에 레이스가 들어있거나 가장자리에 장식이 붙어있는 것을 사용한다. 테이블클로스는 다른 테이블웨어와 잘 조화를 이루도록 무늬가 잘 띠지 않고 색이 연한 것이 좋다.

(3) 테이블매트

테이블매트는 그림 5-3과 같이 식사할 때 개인 앞에 까는 직사각형의 천으로, 점심을 먹을 때 테이블클로스대신 간단하게 사용한다고 하여 런천매트라고도 한다. 영국에서는 식탁을 가리지 않기 위해 테이블매트를 많이 사용한다. 테이블매트도 잔잔한 무늬나 색상이 있는 것이 좋고 품위있는 식탁에서는 커트레이스나 가장자리에 장식이 있는 것이 좋다. 테이블매트는 테이블클로스와 같이 사용하지 않는 것이 원칙이지만 요즈음에는 식탁에 포인트를 주기 위해 테이블클로스 위에 매트를 깔기도 한다.

(4) 러 너

러너는 그림 5-3과 같이 식탁의 중앙에 옆으로 길게 깔아 놓는 것으로 폭은 30cm 정도가 적당하다. 러너는 세로로 늘어뜨려 2인용 테이블매트로 사용하기도 하며 센터피스 받침 등으로도 이용한다. 일반적으로 무늬가 없는 테이블클로스에는 무늬가 있는 러너를 사용해야 잘 조화되고 안정감이 있다.

(5) 도일리

도일리는 접시 사이의 마찰에 의해 소리가 나거나 흠집이 나는 것을 막기 위해 접시 위 또는 자기나 칠기 사이에 놓는 길이 10cm의 정사각형 또는 원모양을 하고 있다.

테이블매트

러너

그림 5-3 **테이블매트와 러너**

(6) 냅 킨

냅킨은 서양식 식탁에만 사용하는 것으로 생각되고 있으나 요즈음에는 한식상차림에서도 많이 이용하며, 일반적으로 테이블클로스와 같은 색상, 같은 소재로 만든 냅킨을 사용하는 것이 좋다. 냅킨은 단순하게 접을수록 사용하기 편리하고 세련되어 보이므로 가능한 단순한 모양으로 접도록 하고, 냅킨링이나 끈을 이용하여 모양내기를 할 수도 있다.

★ 주머니모양 냅킨

냅킨을 뒤집어서 반을 접고 다시 1/3부분을 접은 후 양쪽 가장자리부터 네모지게 접으면 멋진 주머니가 만들어진다. 주머니 모양의 냅킨은 수저, 꽃 등을 넣을 수 있어 좋다.

★ 부채모양 냅킨

냅킨이 직사각형이 되도록 반으로 접은 후 가장자리부터 같은 간격으로 아코디언처럼 주름을 잡는다. 한쪽 끝을 모아 리본이나 냅킨링으로 묶은 후 주름을 펼쳐 부채처럼 만든 다음 컵에 꽂는다. 후식용으로 사용하면 매우 예쁘다.

★ 상자모양 냅킨

냅킨을 반으로 접은 후 짧은 변에서부터 적당한 간격으로 둘둘 말아서 네모지게 접는다. 상차림 분위기에 맞는 냅킨링을 끼우거나 장식용 리본, 끈으로 고정시켜 모양을 낸다. 이 냅킨은 고정시키는 장식품에 따라 다양한 분위기를 만들어 낼 수 있다.

★ 옷소매모양 냅킨

냅킨을 삼각형으로 반 접은 후 꼭지점을 맞추어 한 면을 반으로 접어 올려 다이아몬드모양으로 만든다. 반대쪽도 반으로 접어 올리고 냅킨을 뒤집어 아래쪽을 1/3 정도 위로 접어 올린다. 양옆을 뒤로 올려 끼운다. 레이스가 있는 냅킨을 사용하면 더 예쁘고 아름다운 분위기를 연출할 수 있다.

5) 식탁소품

(1) 센터피스

센터피스는 식탁 장식에서 가장 중요한 부분으로 계절 꽃, 촛대와 초 등을 많이 사용한다. 센터피스는 마주 앉은 사람의 시야를 가리지 않는 높이가 좋으며, 식탁의 1/9 이상을 차지하지 않도록 한다.

일반적으로 꽃은 화기나 오아시스 등에 꽂아 장식하지만 식탁에 직접 꽃이나 잎을 뿌려 놓으면 한층 더 멋스러운 분위기를 만들 수 있다. 저녁식사에서는 그림 5-4와 같이 초와 촛대를 센터피스로 많이 사용하는데, 촛불을 켜는 것은 식사가 곧 시작된다는 의미이다. 초는 2시간 이상 사용할 수 있는 것을 선택해야 식사 중에 초가 녹아 없어지지 않는다. 한편, 그림 5-4와 같이 핑거푸드 등을 이용해서 센터피스를 장식하기도 한다.

그림 5-4 센터피스

(2) 기 타

그림 5-5와 같이 식탁 가운데의 장식용기, 양념통, 냅킨링, 냅킨홀더, 레스트(rest) 등과 같은 소품을 이용하여 식탁을 장식하기도 한다. 장식 소품은 식기와의 조화를 고려해서 선택, 활용하면 분위기와 잘 어울리는 식탁을 꾸밀 수 있으며, 양념통은 그날의 분위기와 잘 어울리는 접시나 매트 위에 올려놓고 꽃이나 나뭇잎으로 장식

냅킨홀더와 냅킨링

양념통

그림 5-5 장식소품

하면 화사한 멋을 느낄 수 있다. 냅킨링, 냅킨홀더는 적절히 사용하면 식사 분위기를 한층 즐겁게 할 수 있지만 격식 있는 자리에서는 이들을 사용하지 않는다. 레스트는 커틀러리를 올려놓을 때 사용되는 것으로 캐주얼한 분위기에 어울린다.

3. 계절별 식탁 차리기

1) 봄

봄에는 새싹이 돋아나는 봄의 생명력과 상쾌한 생동감을 표현할 수 있도록 어린 새싹을 상징하는 밝고 연한 초록색, 봄에 피는 꽃인 진달래와 개나리의 분홍색과 노란색 등을 이용하면 화사한 봄 식탁을 차릴 수 있다. 봄에 피는 꽃을 센터피스로 활용하면 봄 내음이 물씬 풍기는 식탁을 연출할 수 있다.

2) 여 름

여름에는 시원하고 상쾌함을 느낄 수 있도록 흰색과 차가운 색을 위주로 배색하고 투명한 유리 그릇, 하얀색 그릇을 사용하면 청량감을 준다. 강렬한 빨강, 노랑, 주황 등을 배색하여 뜨거운 여름 태양을 연출함으로써 여름 분위기가 나는 식탁을 차리거나 투명한 크리스탈 볼 속에 물을 담고 나뭇잎을 띄우거나 초를 놓아 시원한 여름의 정취를 느끼게 할 수 있다. 또한 깊은 바다가 연상되도록 짙은 푸른색의 식탁보와 냅킨을 사용하고 각종 조개껍질을 센터피스로 이용하면 좋다.

3) 가 을

가을에는 계절의 화려함과 풍요로움 그리고 쓸쓸함을 함께 느낄 수 있도록 빨간색, 갈색, 주황색, 낙엽색 등을 이용하여 식탁을 꾸미고 주황색 사기그릇이나 황금색 금테가 있는 그릇을 이용하면 좋다. 가을꽃인 코스모스, 들국화 그리고 가지에 매달린 잘 익은 감, 견과류, 솔방울 등을 센터피스로 이용하거나 낙엽으로 장식하여 한층 가을의 정취를 느낄 수 있는 식탁을 차릴 수 있다.

4) 겨 울

겨울에는 하얗게 쌓인 눈을 연출하거나 그림 5-6과 같이 붉은 포도주, 붉은색 식기 등 붉은색을 이용하여 따뜻하고 포근한 분위기의 식탁을 차린다. 크리스마스에는 크리스마스에 잘 어울리는 색인 빨간색, 초록색, 황금색 등으로 조금 화려한 식탁을 차려도 좋다. 붉은색 식탁보를 배경으로 크리스마스를 상징하는 트리를 만들어서 가운데 초를 세워 센터피스로 활용하면 우아한 크리스마스 분위기를 느낄 수 있다. 또한 은색 구슬이나 금색 구슬을 자연스럽게 식탁 위에 올려놓으면 화려하면서 귀여운 크리스마스 식탁을 꾸밀 수 있다.

그림 5-6 겨울철 식탁

연 습 문 제

1 푸드 코디네이션에 관하여 설명해보자.

2 꽃, 나뭇잎, 낙엽, 나뭇가지 등을 이용하여 센터피스를 만들어 보자.

3 크리스마스 식탁을 한식으로 차려 보자.

인터넷사이트

1 http://www.kyangjuyo.co.kr (광주요)
2 http://www.aolda.com (아올다)

Foods

for

the

Better

Life

PART 3
건강을 지키는 발효식품

Foods for the Better Life

CHAPTER 6

삶을 풍요롭게 하는 발효식품

인간은 유사이전부터 미생물을 이용하여 왔다. 미생물의 존재가 밝혀지기 이전인 지금부터 6천 년 전에 세워진 이집트의 피라미드에서 나온 빵은 효모에 의해 발효된 것이고, 그리스 신화에 나오는 포도주, 서양의 주요 식품인 치즈, 요구르트, 동양의 간장 · 된장 등의 발효식품은 인류의 문명사와 그 역사를 같이 하였으며, 현재에 이르고 있다.

1. 술

당나라 시인 두보는 "하늘은 만물을 창조했지만 인간은 술을 빚어냈다." 고 하였고, 로마의 정치가 키케로는 "술이 없는 곳엔 낭만도 없고, 술을 마시지 않는 사람에겐 사리분별을 기대하지 말라." 고 했듯이 술은 인간이 만든 걸작이다. 한 잔의 술 속에는 한 나라의 찬란한 영화와 비운이 있고, 한 개인의 출세와 입신, 허무와 좌절이 있는가 하면 사랑과 낭만이 있다. 그러나, 술은 적당히 마시면 몸에 좋은 약주가 되지만 도를 넘으면 화근이 되기도 한다.

우리나라에서 제조 · 판매되는 주류에 대하여는 주세법에 의하여 여러 가지 제한

표 6-1 주류의 종류 및 규격

주류의 종류 (주세법 제4조)	주류의 알코올분 (주세법시행령 제1조)	세 율 (주세법 제22조)
주정	95도 이상	57,000원/kl 알코올분 95도 초과시 1도마다 600원 가산
발효주류		
탁주	제한 없음(3~9도 정도임)	출고가격의 100분의 5
약주	제한 없음(10~13도 정도)	출고가격의 100분의 30
청주	제한 없음(14~17도 정도)	출고가격의 100분의 30
맥주	제한 없음(2~6도 정도)	출고가격의 100분의 72
과실주	제한 없음(10~18도 정도)	출고가격의 100분의 30
증류주류		
소주(증류식, 희석식)	제한 없음	출고가격의 100분의 72
위스키	제한 없음	
브랜디	제한 없음	
일반 증류주	제한 없음	
리큐르	제한 없음	
기타 주류	제한 없음	출고가격의 100분의 72 출고가격의 100분의 30(발효에 의한 것)

* 알코올분의 도수는 섭씨 15℃에서 원용량 100분 중에 포함되어 있는 알코올분의 용량으로 한다(V/V %).
* 최종제품에 표시된 알코올분 표시도수의 0.5도 까지는 그 증감을 허용함.
* 주세법 일부개정 2008. 2. 29 법률 제 8852호
* 주세법시행령 일부개정 2009. 2. 4 대통령령 제21295호

을 받게 되는데, 주류라 함은 주정과 알코올 1도 이상의 음료로서 주세법에 의한 주류의 종류 및 규격 등은 표 6-1과 같다.

1) 포도주

포도주(wine)는 색깔에 따라 백포도주(white wine), 적포도주(red wine), 분홍색 포도주(로제 와인, rose wine)로 분류한다. 적포도주는 포도송이의 줄기를 제거한 다음 파쇄하여 발효시키는데 껍질에서 안토시아닌 색소가, 씨에서는 탄닌 성분이 용출된다. 백포도주는 초록색 또는 노란색 포도를 압착하여 즙을 짜내고 껍질과 씨가 없는 상태에서 발효시키므로 탄닌이 없다. 로제 와인은 그 고유한 연분홍빛이 날 때까지만 껍질과 함께 발효시켜 만든다. 마실 때의 온도가 맛과 풍미를 좌우하는데, 백포도주는 섭씨 10°C 아래로 차게 해서 마셔야 좋다. 그것은 쾌적한 냉기와 함께

① 사우스 와인 글라스　② 보르도 와인 글라스(백포도주)
③ 보르도 와인 글라스(적포도주)　④ 버건디(백포도주)
⑤ 버건디(적포도주)　⑥ 샴페인 글라스
⑦ 리인 와인 글라스　⑧ 모젤 와인 글라스

그림 6-1 포도주잔의 종류

술이 지닌 순수하고 고유한 자극성을 제대로 음미할 수 있기 때문이다.

적포도주는 18°C 정도의 상온이 풍미를 느끼는 데 적당하다. 포도주는 투명한 유리잔을 사용하는데, 포도주는 맛뿐만 아니라 빛깔과 향 모두를 즐기며 마시는 술이기 때문이다. 포도주를 마실 때에는 한번에 들이키기보다는 빛깔과 향을 즐긴 후에 적은 양의 포도주를 입 안에 넣고 혀끝으로 굴리면서 천천히 음미한다.

포도주를 보관할 때는 코르크가 마르지 않도록 눕어서 보관하는데, 이는 산소 침투를 방지하여 포도주 부패를 막아주며, 오픈할 때 코르크 마개가 튀거나 깨지는 것을 막기 위함이다. 보관 적정온도는 12~15°C, 습도는 70~80%의 어두운 곳이 좋으며, 오래된 것이 꼭 좋은 것만은 아니다. 오래된 것을 선호하는 것은 맛이 좋아서이기보다는 단지 희귀품이기 때문이다.

포도주는 종류에 따라 사용하는 잔의 모양이 각각 다르다.

(1) 적포도주

원료로는 머스캣(muscat), 피노느와(pinot noir), 멜로(melot) 등이 사용된다. 적포도로 만드는 적포도주는 붉은색이 중요하므로 포도껍질에 있는 붉은 색소를 추출하는 과정에서 씨와 껍질을 그대로 함께 넣어 발효하므로 붉은 색소뿐만 아니라 씨와 껍질에 있는 탄닌 성분까지 함께 추출되어 떫은맛이 난다. 일반적인 알코올 농도는 12~14도 정도이며 상온(18~20°C)에서 제맛이 난다. 일반적으로 적포도주를 으깬 후 과육, 과피, 과즙, 그리고 씨까지도 함께 통에 넣어 7~10일간 발효시키며, 이때 알코올 생성과 함께 과피로부터 색소가 유출되고 탄닌의 성분도 함유되어 포도 고유의 독특한 색조와 텁텁한 맛, 신맛, 향미가 생성된다. 육류요리와 어울리는 이유는 탄닌 성분이 기름기와 짙은맛을 잘 조절해 주기 때문이다.

(2) 백포도주

백포도주는 리슬링(riesling), 샤르도네(chardonnay), 쉬냉블랑(chenin blanc), 사이벨(seibel), 갑주(甲州) 등의 포도를 으깬 뒤 바로 압착하여 나온 주스를 발효시키므로 탄닌 성분이 적어서 맛이 순하고 상큼하며 황금색을 띤다. 과즙만을 20일 이상 12~20°C에서 발효시킨다. 알코올 농도는 10~13도 정도이며 10°C 정도로 반드시 차게 마셔야 제맛이 난다. 생선요리에 어울리는 것은 백포도주의 산미가 생선의 맛과 조화되기 때문으로 음식 맛을 한결 더해 준다.

(3) 디저트 와인

디저트 와인(dessert wine)은 일반 포도주에 브랜디나 과즙을 섞어 알코올 함량과 단맛이 높은 포도주이다. 식후나 가벼운 스낵과도 잘 어울린다. 알코올 함량은 18도 전후이며, 대표적인 것은 백포도주인 '세리'와 적포도주인 '포트'가 있다.

(4) 스파클링 와인

스파클링 와인(sparkling wine)인 샴페인은 원래 프랑스의 동쪽 샹파뉴 지방에서 생산되는 발포성 와인으로 정식 명칭은 뱅드샹파뉴(vin de champagne)이다.

발효를 끝낸 포도주를 유리병에 넣고 여기에 리퀴드(설탕 시럽과 오래된 술의 혼합액)를 첨가하여 마개를 막고 철사로 단단히 고정한 후 술 창고에 저장한다. 첨가된 당분이 2차 발효되어 이산화탄소가 생기고, 밀폐된 병 속의 술에 포화되어 발포성 포도주가 된다. 발효 중 생성되는 찌꺼기는 거꾸로 세워 놓은 코르크 마개에 부착한다. 이 부분을 얼게 하고 철사를 풀어주면 압력에 의해 마개가 찌꺼기와 함께 튀어나오며, 이때 재빨리 새 마개로 막고 철사로 단단히 고정시켜 지하창고에 저장한다. 대개 파티용으로 많이 사용되며 알코올 함량은 10~14도 정도이다.

2) 맥 주

맥주의 기원은 기원전 4,000년경 바빌로니아인과 이집트인이 맥주를 제주용으로

호프

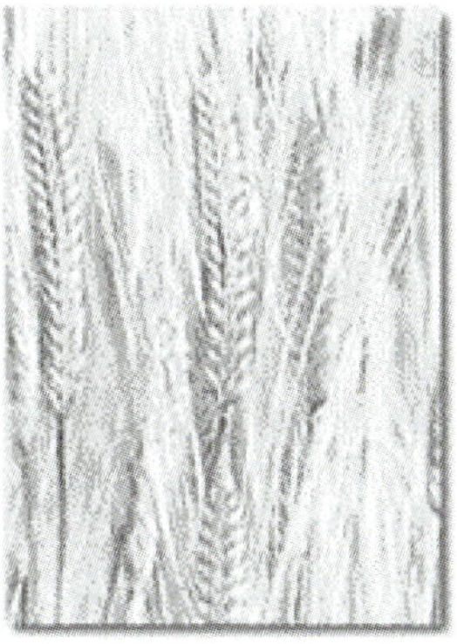

맥주용 두줄보리

그림 6-2 맥주의 원료

사용한 기록이 있다고 하며, 맥주의 어원은 '마시다' 라는 라틴어 '비베레' 에서 유래되었다. 독일에서는 비어, 포르투갈과 스페인에서는 세르베자, 프랑스에서는 비에르, 체코와 러시아에서는 피보, 이탈리아에서는 비르라, 덴마크에서는 콜레트라고 한다.

맥주용 두줄보리를 발아시켜 맥아를 만들고 이것을 건조 · 분쇄하여 더운물 속에서 당화시킨 뒤, 호프를 가해서 끓여 즙을 만들고, 냉각하여 효모를 가하고 발효시킨다. 이후 저장탱크에서 3개월 정도 발효시키면 생맥주가 되며, 가열 및 효모를 제거한 것은 라거(저장) 비어이다.

호프는 맥주를 만드는 기본적인 원료로 수정 안된 암꽃을 사용하며, 맥주의 특이한 향과 상쾌한 맛을 주며 방부와 보존능력을 가지고 있을 뿐만 아니라 거품 형성도 한다. 알코올 농도 4도 정도, 단백질, 당질, 미네랄, 비타민 B군 등의 영양소가 들어있다.

맥주의 온도가 높으면 쓴맛이 강하고, 너무 차가우면 거품이 나지 않을 뿐만 아니라 맥주의 참맛을 느낄 수 없으므로 겨울에는 8~12°C, 여름철에는 4~8°C가 적당하다. 맥주의 거품은 탄산가스의 방출을 막아주고, 공기와의 접촉을 차단하여 산화를 막아준다.

맥주를 컵에 따를 때에는 작은 거품이 어느 정도 생기게 따르는 것이 좋다. '위스키는 혀로, 브랜디는 코로, 맥주는 목으로' 라는 말과 같이 맥주는 거품과 함께 단숨에 마시는 것이 맥주의 진미를 맛보는 방법이다. 독일에서 9월 하순부터 10월 초순까지 2주간 열리는 '옥토버페스트(Octoberfest)'는 긴 역사를 자랑하는 유명한 세계적인 맥주 축제로, 1810년 바이에른의 황태자 루이비히와 작센의 테레사 공주의 결혼식을 축하하는 경마 경기에서 맥주를 마신 것으로부터 비롯되었으며, 1818년부터 맥주와 음악이 본격적으로 곁들어진 축제로 발전하였다.

맥주는 보리 속의 전분을 맥아의 당화효소에 의하여 발효성 당으로 전환시킨 후 효모로 알코올 발효를 일으키는 일련의 생화학반응을 통하여 만들어지며, 탄산가스와 고미성분을 함유한 알코올성 음료이다. 우리나라의 주세법상 맥주는 맥아와 호프, 백미, 옥수수, 고량, 감자녹말, 당질, 캐러멜 중의 하나 또는 그 이상의 것과 물을 원료로 발효시켜 여과 제성한 것으로 규정하고 있다. 그러나 오늘날의 대부분의 나라에서는 맥주의 품질향상과 원료 및 제조공정의 비용을 절감하기 위하여 맥아 외에 옥수수전분을 비롯한 각종 전분질 부원료를 사용하여 이에 따른 제조방법과 시설도 크게 개선되고 있다.

(1) 하면발효맥주

발효가 끝나면서 가라앉는 효모를 사용하여 비교적 저온인 5~10°C에서 발효되며, 일반적으로 라거 맥주(lager beer)라고 부른다. 우리나라, 독일, 미국, 일본 등 전 세계 맥주시장을 주도하고 있다.

(2) 상면발효맥주

발효 도중에 생기는 거품과 함께 상면으로 떠오르는 성질을 가진 효모를 사용하여 비교적 고온인 10~20°C에서 발효시켜 제조하는 맥주로서, 하면발효에 비하여 발효기간이 짧으며 영국에서 주로 생산한다.

3) 탁 · 약주

탁 · 약주는 우리나라의 재래주로서 천여 년 이상 양조되어 왔다. 탁주는 농주, 회주라고도 하여 옛날부터 널리 음용되어 왔던 가장 오랜 역사를 가지는 술이다. 전분질 원료와 국을 주원료로 하여 발효시킨 술덧을 혼탁하게 제성한 것이 탁주이며, 여과하여 맑게 제성한 것을 약주라 한다.

탁 · 약주의 양조는 좋은 원료의 선택과 당화효소와 입국의 적절한 사용, 우량한 효모의 사용, 시설의 개선 및 과학적인 양조법을 정립하여 주질을 향상시켜야 할 것이다.

4) 청 주

청주는 쌀(국, 찐쌀)과 물을 주원료로 하고 황국균(*Aspergillus oryzae*), 젖산균, 효모 등이 관여하여 당화와 알코올 발효가 동시에 진행되며, 술덧을 여과, 제성한 것 또는 발효과정에 주류 등을 첨가한 것이다. 옛날에는 탁주와 같이 혼탁했으나 오늘날과 같은 맑은 술로 발전되었으며, 일본의 명치시대에 로엡(Loeb) 등에 의해 미생물학적 연구가, 켈너(Kellner)에 의해 화학적 연구가 이루어져 현재의 개량된 청주가 이루어졌다.

5) 증류주 및 리큐르

(1) 소주류

소주에는 증류식 소주와 희석식 소주로 구분되는데 증류식 소주는 주류, 주박을 증류하거나 싸라기 등을 원료로 해서 알코올 발효시킨 술덧을 증류하여 만든 술로써 20~35%의 알코올을 함유하는 술이다. 현재 주로 유통되고 있는 소주는 당밀, 보리, 고구마 등을 원료로 하고 연속식 증류기로 증류하여 주정을 만든 다음 적당한 농도로 희석하고 약간의 조미를 한 희석식 소주이다.

(2) 위스키류

18세기 초까지 위스키는 스코틀랜드 사람들 사이에서 마시는 지방 토속주에 불과하였으나 1707년 영국에 합병된 후, 정부에서 심한 주세를 부과하자 제조업자들이 정부의 통제를 피하기 위해 버려진 오크통에 담아 산 속이나 지하창고에 숨겨 두었다가 후에 이것을 밀매하기 위해 통을 열어보니 원래 무색이었던 술이 갈색을 띠고, 짙고 오묘한 향을 갖는 술로 변했다고 한다.

위스키는 맥아만을 원료로 사용하여 만든 몰트 위스키(malt whisky)와 옥수수만으로 만든 그레인 위스키(grain whisky), 이 두 가지를 혼합한 블랜디드 위스키(blended whisky)로 나누는데 적당한 비율로 섞는 기술이 위스키의 맛과 향을 결정한다.

생산지에 따라 스카치(Scotch), 버번(Burbon), 테네시(Tennesse), 아이리스(Irish), 라이(Rye) 위스키 등으로 분류하기도 한다.

위스키는 스트레이트로 마시는 것이 일반적이나 얼음에 희석하여 마시기도 한다. 미리 술잔을 차갑게 만들어 놓은 후 부어 마셔야 위스키의 향미를 제대로 즐길 수 있다. 그런 다음 얼음을 넣고 그 위에 위스키를 따라 마시면 얼음 위로 흘러내리는 사이에 온도가 알맞게 내려가 제맛을 즐길 수 있으며, 안주는 되도록 먹지 말아야 술맛을 제대로 느낄 수 있다.

(3) 브랜디

브랜디(brandy)의 어원은 네덜란드의 브란드빈(brandewiyn; 영어의 burnt wine의 뜻)에서 온 말로, 어의는 소주이다. 넓은 뜻으로는 과실에서 양조 · 증류된 술이지만, 보통 단순히 브랜디라고 하면 포도주를 증류한 술을 가리킨다. 다른 과일을 증류한 술은 그 과일의 이름을 앞에 붙이거나(예: apple brandy) 키르시(kirsh, 앵두주)처럼 다른 이름을 붙인다.

브랜디는 포도의 발효액을 증류하여 만든 알코올 40% 이상의 술로 '신이 내린 선물' 이라 하여 서양인들이 식후에 마시는 양주 가운데 가장 좋아하는 술이다. 13세기경 연금술사에 의해서 만들어졌다고 하며 상업적으로 생산된 것은 17세기 프랑스 서남부의 코냑지방이다. 코냑은 와인의 발효가 끝나는 시점에서부터 와인을 두 번 증류해서 무색투명한 알코올로 만든 다음, 다시 오크(oak : 참나무)통에 넣어 오랜 기간 숙성시켜 만든다.

숙성기간 동안 참나무의 독특한 색깔과 향이 술에 스며들고 알코올 43도 정도의 고급주가 탄생한다. 숙성 정도에 따라 브랜디의 품질이 달라지므로 숙성 연도와 품질을 약어로 표시하여 등급화하고 있는데 제조회사에 따라 각양각색이며, 한 예를 표 6-2에 표시하였다.

브랜디는 향을 즐기며 마신다. 남부 유럽에서는 식사 후에 위산 분비의 촉진을 위해 독주를 마시는 습관이 있으며, 이탈리아의 구라파, 스페인의 셰리(식전주로도 쓰인다), 포르투갈의 포드 등이 식후주이다. 와인을 마시며 식사를 했더라도 대개 식후주로는 브랜디를 마시는데, 이때에는 입구가 좁고 배가 볼록한 라군형 글라스를 사용한다. 술잔은 미리 불이나 따뜻한 물로 데우며, 데운 잔에 브랜디를 부으면 향

표 6-2 브랜디의 숙성기간 및 품질표시

숙성기간 표시	품질 표시
별 셋 : 7~10년	E(Especially) : 특히
VO : 12~15년	O(Old) : 오래된
VSO : 15~20년	P(Pale) : 엷은색의
VSOP : 25~30년	S(Superior) : 뛰어난
XO : 40~45년	S(Special) : 특별한
EXTRA : 70년 이상	V(Very) : 매우 X(Extra) : 독특한

긋한 향기가 퍼져 나오는데, 잔을 한손으로 부드럽게 감싸 쥐고 가볍게 흔들어 주어 공기와 접촉되면서 퍼져 나온 향기를 코끝으로 음미하면서 서서히 마신다. 한번에 들이키는 것이 아니라, 혀끝에 감돌만큼 마시면서 다시 잔을 보듬고, 브랜디의 향을 즐기는 방식을 반복하며 마신다.

(4) 일반 증류주

- 고량주 : 수수 또는 옥수수 기타 전분이 함유된 물료와 국(麴)을 원료로 하여 물을 뿌려 섞은 것을 밀봉하여 발효시켜 증류한 것이다.
- 럼주(rum) : 사탕수수 · 사탕무우 · 설탕(원당을 포함한다) 또는 당밀 중 하나 또는 그 이상의 것을 주된 원료로 하여 물과 함께 발효시킨 술덧을 증류한 것이다.

(5) 리큐르(liqueur)

- 전분이 함유된 물료 또는 당분이 함유된 물료를 주원료로 하여 발효시켜 증류한 주류에 인삼을 담가서 우려내거나 발효 · 증류 · 제성과정에 인삼의 추출물을 첨가한 것이다.
- 전분이 함유된 물료 또는 당분이 함유된 물료를 주원료로 하여 발효시켜 증류한 주류에 과실(포도 · 사과 · 배 · 딸기 · 머루 등 발효시킬 수 있는 과실을 제외한다)을 담가서 우려내거나 발효 · 증류 · 제성과정에 과실 추출액을 첨가한 것이다.

2. 장 류

장류에는 간장, 된장, 고추장, 청국장 등이 있는데, 우리나라의 식생활에 빼놓을 수 없는 잘 조화된 조미식품이다.

1) 간 장

간장은 콩으로 메주를 만들어 띄운 것으로, 콩과 밀 등을 주원료로 하며, 원료를 침수, 증자한 후 국균을 배양한 것을 소금물에 넣어 발효, 숙성시켜 얻어진 액체 조미료이다. 아미노산에 의한 구수한 맛, 당분에 의한 단맛, 소금에 의한 짠맛과 여러 가지 유기성분에 의한 향기와 색이 조화된 이상적인 조미료이다. 간장은 사용하는 원료의 종류와 제조방식에 따라 다음과 같이 대별된다.

간장 제조의 기원은 확실치 않으나, 중국에서는 기원전부터 간장과 유사한 제품이 제조되기 시작한 것으로 짐작되며, 우리나라도 일찍이 삼국시대에 간장이 있었다는 기록이 있다. 오늘날 간장 제조 공업의 규모나 기술적 또는 학문적인 면에서 가장 발달한 곳은 일본이다. 간장은 쌀을 주식으로 하는 동양인들에게 오래 전부터 가장 중요한 조미료로서 애용되어 왔다.

2) 된 장

된장은 우리나라에서 옛날부터 만들어 온 보편적인 조미식품으로, 각 가정에서는

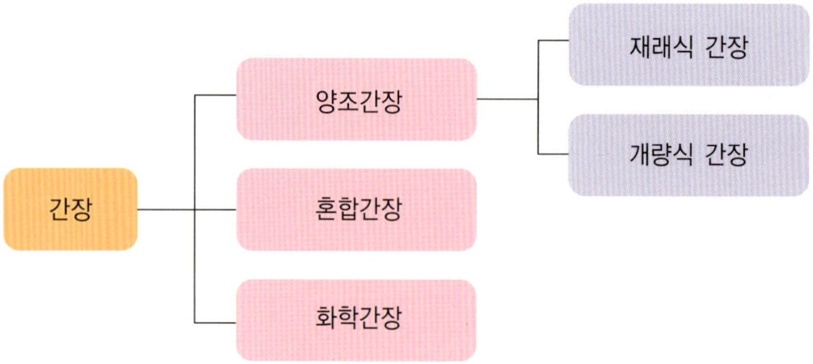

그림 6-3 간장의 종류

간장을 뜨고 난 찌꺼기에 소금을 넣어 숙성시켜 된장을 만들어 왔다. 과학적 방법으로 개량된 된장을 사용하는 원료의 종류에 따라 분류하면 다음과 같다.

- 쌀된장 : 찐 쌀에 국균을 배양하여 쌀코오지를 만들어 이것에 찐 콩과 소금을 섞어 발효시킨 것이다.
- 보리된장 : 찐 보리쌀에 국균을 배양하여 보리코오지를 만들어 이것에 찐 콩과 소금을 섞어 발효시킨 것이다.
- 콩된장 : 찐 콩에 국균을 배양하여 콩코오지를 만들어 이것에 소금을 섞어 발효시킨 것이다.

3) 고추장

고추장은 단맛, 구수한 맛, 짠맛 및 매운맛이 잘 조화된 조미료로서 우리나라의 독특한 식품이며, 전분질 원료에 따라 쌀고추장, 보리고추장, 밀고추장 등으로 나누어진다. 고추장 제조는 쌀, 보리, 밀가루 등의 전분질을 가열, 호화시킨 다음 코오지, 메줏가루, 엿기름 등의 효소를 작용시켜 당화 및 단백질분해를 한 것에 고춧가루와 소금을 넣어서 숙성시킨다.

4) 청국장

청국장도 우리나라 특유의 조미료로서, 주원료인 콩을 먼저 삶아 적당히 식힌 것에 납두균(*Bacillus natto*)을 배양하고, 여기에 소금, 마늘, 고춧가루 등을 가하여 잘 섞은 다음, 초퍼로 갈든지 절구로 찧어서 담는다.

3. 식 초

양조식초란 당류나 녹말을 함유한 여러 원료를 미생물로 알코올 발효와 초산 발효를 시켜 만드는 것으로, 초산을 약 3~6% 함유한 조미료이다. 이 과정을 거쳐 원료의 종류에 따라 여러 종류의 식초가 만들어지나, 이들 양조식초는 초산 이외의 휘발성과 불휘발성의 각종 유기산류, 각종 당류, 아미노산류, 에스테르 등을 함유하여 원료에서 유래되는 특유의 향기와 발효과정 중에 생성되는 방향과 지미(旨味)가 있다.

초산초는 아세틸렌에서 합성된 빙초산을 원료로 희석하여 만든 것으로, 양조식초와 구별하여 초산초라고 한다. 발효법으로 만들어진 초산과 화학합성으로 만들어진 초산이 혼합되어 있는 경우 현재의 분석법으로는 판별하기가 어렵다. 양조초에 속하는 것으로는 알코올초, 쌀초, 주박초, 맥아초 및 사과나 포도 등 기타 과즙으로 만든 과실초 등이 있다.

4. 젖산발효 유제품

젖산균은 우리 몸의 소화기 안에서 살아가면서 질병을 예방해 주고, 여러 가지 식품을 만들어 주며 각종 장기에서 점막의 건강을 유지해 준다. 젖산균(유산균이라고도 함, lactic acid bacteria)이란 포도당을 발효하여 주산물로 젖산(lactic acid)을 생산하는 구형 또는 간상형의 균을 말한다. 이들 젖산균은 자연계에 널리 분포되어 살아가고 있으며 산소가 없는 곳에서 더 잘 자라지만 산소가 있어도 큰 영향을 받지 않고 잘 자라는 성질이 있다. 사람과 동물의 구강, 장 및 질 점막 등에도 널리 분포되어 살아가면서 이들 장기의 건강을 지켜 주는 등 여러 가지 좋은 일을 하는 유익한 미생물이다. 우리에게 가장 보편적인 음식인 김치도 젖산균에 의해 발효된 전형적인 식물성 젖산발효식품이고, 요구르트는 가장 전형적인 젖산균 발효유제품이다. 발효식품은 자연적으로 발달된 토착식품이 많은 것이 특징이라고 할 수 있다.

젖산균이 만든 젖산은 식품을 산성화하여 다른 유해 미생물이 잘 자라지 못하게 하며, 젖산 자체가 다른 미생물의 생장을 억제하는 효과가 있다. 따라서, 젖산발효식품은 일반 식품보다 저장성과 안전성이 향상되는 것이다. 젖산균은 이외도 항균성 단백질인 박테리오신(bacteriocin)을 생산하여 다른 유해 미생물을 억제할 수 있으며, 최근에 박테리오신을 생산하는 젖산균을 이용하여 발효소시지, 요구르트 등을 제조함으로써 이들 제품에서 각종 식중독균을 억제시켜서 안전성을 향상시키려는 노력이 계속되고 있다. 또한 그 기작이 아직 확실히 연구되지는 않았지만 젖산균은 우리 몸의 면역 능력을 향상시키는 것으로 알려져 있다.

5. 김치류

김치는 계절에 상관없이 1년 내내 섭취하는 우리의 가장 중요한 부식이며, 여러 가지 채소류의 신선한 맛과 특유의 질감으로 인한 씹히는 맛, 소금의 짠맛과 향신료의 자극성, 발효로 생성된 신맛과 복합적인 발효미 등이 어우러져 입맛을 돋우어 주며, 쌀밥과 잘 어울리는 식품이다. 최근 들어, 국제적인 식품으로 인정되어 김치에 대한 관심도가 점점 높아지고 있고, 국내에서도 시장에서 구입하는 경향이 증가하면서 대량생산에 의한 김치의 시장공급이 활발해지고 있다.

김치류는 한국의 음식물을 대표할 만큼 역사와 전통을 오랫동안 이어온 우리나라 고유의 식품으로 그 기원은 명확하지 않다. 김치류의 기원은 상고시대부터 존재하였을 것으로 추정되며, 처음에는 '지(漬)'로 불리다가 1600년대에 '침채(沈菜)'로 불리면서 침채→팀채→딤채→김채→김치로 변형된 것으로 알려졌고, 지금도 일부 지방에서 김치를 '짠지'라고 부르는 것은 '맛이 짠 지(漬)'라는 뜻에서 유래되는 것이다. 지금은 김치의 종류가 120여 종에, 깍두기류, 동치미류, 장아찌류 등을 합치면 200여 종에 달한다.

김치는 가정에서 직접 경험에 의해 담가 왔기 때문에 재료와 담그는 시기, 담그는 방법이 가정마다 제각기 달라 그 맛 또한 각기 다르게 나타난다.

김장김치의 재료는 공통적으로 배추, 무가 주원료이고, 양념으로 소금, 고추, 생강, 마늘, 파, 갓, 미나리, 청각 등의 해조류와 기타 굴, 갈치, 조기, 동태 등의 생선,

그림 6-4 김치의 종류

젓갈류 그리고 배, 밤, 잣 등을 사용한다.

김치 담금에서 주원료인 배추를 절이는 데는 약 10%의 식염수에 24시간 정도가 적당하며, 담금한 김치의 소금농도는 3% 정도가 알맞다. 이보다 소금이 적으면 김치의 색깔은 좋으나 쉽게 연부현상(김치가 물러지는 것을 말함)이 일어나고 6% 이상이면 색깔과 풍미가 좋지 않다. 숙성은 5~10°C에서 공기와 접하지 않는 혐기적 상태에서 수 주간 발효시키는 것이 가장 좋은 풍미를 낸다.

연 습 문 제

1 포도주, 맥주를 맛있게 마시는 방법을 생각해보자.

2 다른 나라의 발효식품 문화에 대해 알아보자.

3 김치의 종류와 지방마다 특색 있는 김치가 무엇이 있는지 살펴보자.

인터넷사이트

1 http://www.bestwine.co.kr (베스트와인)
2 http://www.welcome.city.sapporo.jp/tourism/k/beer/museum.html (삿포로맥주 박물관)
3 http://www.kimchimuseum.co.kr (김치박물관)

CHAPTER 7

식생활을 위협하는 인자들

빈곤하던 과거의 식생활이 오로지 배고픔에서 벗어나는 것이 목적이었다면, 오늘날의 식생활은 생활수준이 크게 향상되어 양적으로 풍요롭고 자신의 건강과 먹는 즐거움을 누리는 식생활로 변해가고 있다. 그러나 식품에는 몸에 해로운 요소들이 함유되어 있어 문제가 되는 경우도 있다. 요즘 자주 언론매체에서 보도되는 내용들을 보면 잔류농약, 중금속 오염, 집단식중독 발생, 환경호르몬 등 우리들의 식탁을 위협하는 내용들이 많다. 따라서 식품의 질을 향상시키기 위하여 노력하고 있으며, 보다 안전한 식품을 섭취하여 건강한 삶을 영위하고자 하는 욕구는 더욱더 증가하고 있다. 식품은 인간의 생존을 위한 필수적인 물질로서, 안전한 식품의 공급은 사람의 건강을 위한 가장 기본적인 전제이다. 그런데 식품은 사람이 일단 섭취하고 나면 식성병해가 발생해도 그 원인을 밝히기가 어렵다.

사람이 섭취하는 음식물은 화학물질의 혼합물이다. 물, 식염 이외에는 생물체나 생물체의 일부분, 또는 그 가공품이다. 대부분 식물체이고, 일부분은 동물체, 미생물 등이다. 어떤 화학물질의 독성은 그 화학물질이 가지고 있는 독성과 사람에게 노출되는 빈도와 기간에 따라 다르다. 모든 것은 독이 될 수 있으나 독이 문제가 되는 것은 그 양에 달려 있다. 따라서 식품에서 절대적인 안전성을 기대하기보다는 사람이 섭취하는 수준에서 위험이나 부작용이 무시될 수 있는 안전성을 보장받는 것이

합리적이라고 할 수 있다.

인간이 삶을 영위하는 데 절대 필요한 것이 음식물이다. 현대에는 문명의 발달로 각양각색의 식품이 유통되어 우리들의 식생활을 푸짐하게 하고 있는 반면에 한편으론 식품에 의해서 끊임없이 사고도 발생하고 있다.

식품위생이란 인간이 항상 섭취하는 음식물은 물론, 이와 관련된 첨가물 · 기구 및 용기 · 포장 등에 관하여 위생적인 품질 및 성상을 확보함으로써 인간의 건강을 유지하고 식생활을 안전하고 위생적으로 하기 위한 것이다.

1. 식중독

1) 정 의

식중독(food poisoning)이란 한 마디로 정의를 내리기가 어렵지만 일반적으로는 음식물에 의하여 일어날 수 있는 질병이나 건강장해를 식중독이라 총칭할 수 있다. 그러나 다음의 경우는 식중독의 범위에 포함되지 않는다. 영양실조 또는 영양의 과잉, 소화흡수의 문제는 영양학의 범위이며, 식중독과 구별된다. 화학적 유독물질 등을 자살이나 타살의 목적으로 혼입된 식품의 섭취로 인한 중독은 독물학(毒物學)의 범위에 속하며, 식중독에는 포함되지 않는다.

장티푸스 · 이질 · 콜레라 등의 경구전염병은 음식물과 밀접한 관계가 있으나 식중독의 범위에서 제외시키고 있다.

2) 분 류

식중독을 원인에 따라 분류하면 표 7-1과 같다.

(1) 세균성 식중독

주요 세균성 식중독의 분류, 원인식품 및 주요 증상은 표 7-2와 같다.

표 7-1 식중독의 분류

	식중독의 종류	원인물질
세균성 식중독	• 감염형 식중독 • 독소형 식중독 • 중간형 식중독	살모넬라균, 비브리오 등 포도상구균, 보툴리누스균 등 웰치균, cereus균 등
화학적 식중독	• 고의 또는 오용에 의한 식중독 • 제조 · 가공과정 중에 혼입되는 유해 물질 • 기구 또는 용기 · 포장재 등에 기인하는 유독 · 유해 물질 • 제조 · 가공 · 저장 중에 생성되는 유해 물질	식품첨가물, 기타 화합물(농약, 수은, 카드뮴 등) 비소 · PCB 등 금속 · 고무 · 도자기 · 법랑도포제 · 옹기 · 합성수지 등 지질산화생성물, 발암물질, N-nitrosamine 등
자연독 식중독	• 동물성 자연독에 의한 중독 • 식물성 자연독에 의한 중독 • 곰팡이독(mycotoxin)에 의한 중독	복어, 조개류, 기타 어류 독버섯류, 식용식물 등 곰팡이오염곡류 등

표 7-2 주요 세균성 식중독

구분	원인균	원인식품	잠복기(보통)	주요 증상
감염형	살모넬라	알, 식육 및 그 가공품	6~48시간 (12~24시간)	설사, 복통, 발열, 두통, 구토, 구역질
	장염 비브리오	해산 · 어패류 및 그 가공품	8~24시간 (15~20시간)	설사, 복통, 구역질, 구토, 발열
	병원성 대장균	균에 오염되어 증식된 식품	6~72시간 (10~15시간)	복통, 설사, 발열, 구토, 구역질
독소형	포도상구균	우유 및 그 가공품, 육제품, 알제품, 곡류	1~6시간 (3시간)	구역질, 구토, 설사, 복통
	보툴리누스균	채소, 과일, 육류, 어패류	12~96시간 (18~36시간)	연하곤란, 호흡곤란
중간형	웰치균	고단백질 함유식품 (식육이나 그 가공품)	6~22시간 (12시간)	복통, 설사

★ 식중독 예방법

- 미생물이나 화학물질의 오염이 없는 건전하고 신선한 원료를 구입하여 조리해서 먹는다.
- 조리장에서 조리자는 복장 및 머리를 단정히 하고, 손을 깨끗이 씻고, 사용할 용기, 기구는 깨끗이 씻어 빨리 건조해 둔다.
- 식품 보관장소에는 식중독균을 매개하는 파리, 진드기, 바퀴, 쥐 등의 접근을 차단시킨다.
- 식품섭취 전에 충분히 가열하고, 전날 조리 후 저온저장된 식품이라도 먹기 전에 재가열한다.
- 수온이 높은 5~10월 초 사이에는 바다생선은 날 것으로 먹지 말고 끓여 먹는다.
- 식품제조 · 가공 · 조리장의 청결유지, 조리기구 및 식기구 등의 소독을 철저히 한다.
- 식품의 안전성 및 미생물학적인 안전성 확보와 위험을 제어하는 보다 효과적인 위해요소중점관리기준(HACCP)제도를 적극 검토한다.
- 쥐, 파리, 유충을 박멸하고 화농성 질환에 걸렸을 때는 음식을 조리 하지 않는다.
- 조리종사원의 개인위생관리를 철저히 하고, 땀 등이 식품에 떨어지지 않도록 주의한다.

(2) 자연독에 의한 식중독

우리들이 관습적으로 식용으로 사용하고 있는 동 · 식물 중에는 그 종류와 부위에 따라 독성을 가진 것들이 있으며, 이들 독성물질은 사람에게 발암, 돌연변이, 기형유발, 알레르기, 영양장해 및 급 · 만성 중독을 일으킨다.

병원성 대장균 O-157:H-7

여름철에 주로 많이 발생한다. 적혈구 파괴, 신장의 기능을 잃게 하는 용혈성 요독증을 특징으로 하며 베로톡신(verotoxin)이라는 독소를 생산한다. 1995년 5월부터 수 개월에 걸쳐 일본에서 장관출혈성 대장균 O-157에 의한 집단식중독이 발생하여 1만여 명의 환자와 11명의 사망자를 낸 바 있다. 원인식품은 햄, 치즈, 분유, 소의 간 등이며 유아에게는 오염된 우유가 원인식품이 된다.

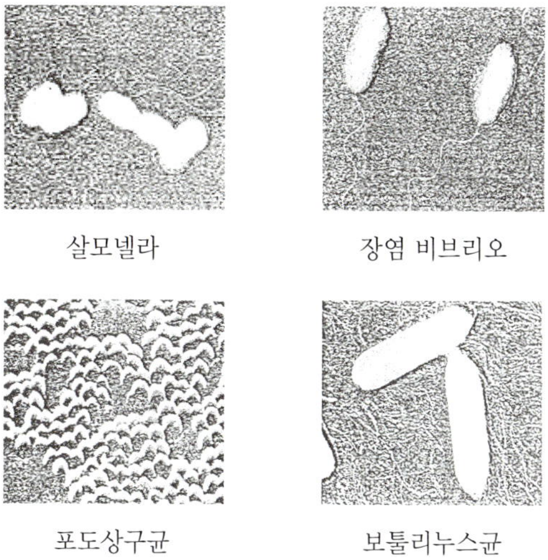

그림 7-1 식중독을 일으키는 주요 균들

자연독은 동 · 식물의 고유의 성분인 경우가 원칙이지만 먹이연쇄의 변동에 따른 일시적인 유독성분도 포함된다.

★ 식물성 식중독

• 독버섯류

버섯(담자균류)을 위시하여 엽록소를 가진 고등식물의 독성을 지칭한다. 이들 식물에는 독성분으로 유독 알카로이드(alkaloid)나 배당체를 함유하는 독버섯의 종류와 그 특성을 요약하면 표 7-3과 같다.

• 감 자

유독성분으로 솔라닌(solanine)을 함유한다. 감자의 솔라닌 함량은 0.004~0.03% 정도로 별로 유해하지 않지만, 발아부위와 일광에 노출되어 생기는 녹색부위에는 0.1% 이상을 함유하므로 과량 섭취 시 식중독을 유발한다.

중독증상은 복통, 설사, 구토, 발열, 의식불명, 두통, 언어장애, 현기증, 졸음 등이다. 중독예방방법으로는 감자의 껍질을 벗겨 발아부위와 녹색부위를 제거하고 섭취한다.

• 시안 배당체 함유식물

미숙한 매실, 살구씨, 복숭아씨 등에는 아미그달린(amygdalin)이란 시안(cyan)

표 7-3 주요 독버섯의 독성분과 중독증상

종 류	외 형	독성분	중독증상
화경 버섯	갓이 원형~콩팥형 표면은 황갈색이고 후에 자갈색~암갈색	illudin amatoxin군	구토, 복통, 설사 등 심한 위장장해
알광대 버섯	표면은 황록갈색이며 약간 점성	phallotoxin군 virotoxin군 amanitatoxin군	맹독성으로 식후 6~24시간에 격렬한 구토, 복통, 설사에 이어 간장·신장조직의 괴사가 진행되고 혼수상태에 빠져 사망
외대 버섯	표면은 다소 점성이 있는 편, 담회갈색이며 육질은 하얀색, 주름은 희지만 살구색으로 변함	choline muscarine muscaridine	복통, 구토, 설사 등의 급성 위장장해
미치광이 버섯	표면은 황금색~갈황색, 쓴맛이 있고 갈황색의 턱받이가 있음	psilocybin	환각작용을 수반하는 흥분작용
깔대기 버섯	갓 중앙이 오목한 호빵형이나 더 지나면 깔대기 모양이 됨	clitidine acromelic acid A, B	식후 4~5일 지나서 손발의 끝이 붉어지고 불에 덴 것 같은 통증
기 타	마귀곰보버섯 노랑다발 광대버섯	gyromitrin fasciculol muscarine	심한 경우 2~3일만에 사망 의식불명으로 사망 위장의 경련성 수축, 구토

배당체가 있어 섭취 시 장내 세균의 β-글루코시다아제가 분해되어 청산(HCN)을 생성하여 치명률이 높은 중독의 원인이 된다.

오색두(미얀마콩), 카사바(cassava) 등에는 파세오루나틴(phaseolunatin), 수수에는 듀린(dhurrin), 벚나무속의 미숙과일 종자에는 또 다른 청산 배당체인 푸르나신(prunasin)이 함유되어 있다.

시안 배당체를 함유하는 것을 많이 먹으면 두통, 구토, 설사, 복통 등 소화기계 증상을 시작으로 호흡곤란, 전신의 강직성 경련을 일으키고 심하면 호흡중추 마비로 사망한다.

• 목 화

목화의 종자, 뿌리, 줄기에는 폴리페놀 화합물인 고시폴(gossypol)이라는 독성분이 함유되어 정제가 덜된 면실유와 그 박(粕)에는 고시폴이 함유되어 중독 시 심부

황토색어리알버섯

큰주머니광대버섯

붉은꼭지버섯

흙무당버섯

그림 7-2 주요한 독버섯류

전, 심 비대, 간 장해, 황달, 장기 출혈 등이 유발된다.

• **피마자**

피마자의 종자에는 리신(ricin), 리시닌(ricinine) 등의 유독성분과 사람에게 심한 알레르기 증상을 일으키는 어떤 종류의 성분을 함유하고 있어서 적혈구를 응집하는 작용이 있다.

• **콩 류**

대두, 완두, 땅콩, 강낭콩 등에는 트립신 억제제(trypsin inhibitor)와 사포닌(saponin) 등이 함유되어 있어 단백질분해효소의 활성을 억제하고, 강한 용혈작용을 일으킨다. 그러나 가열처리하면 억제물질은 무해하게 된다.

• **독미나리**

지방족 불포화알코올인 시쿠톡신(cicutoxin)이라는 유독성분을 함유하고 있어서 중독 시 침 흘림, 구역질, 구토, 발한에 이어 경련, 정신착란, 호흡곤란 등이 일어난다.

그림 7-3 자연독에 의한 식중독을 일으키는 식물들

• **기타식물**

독공목, 붓순나무, 흰독말풀, 미치광이풀, 바곳, 꽃무릇, 독보리, 디기칼리스, 고사리, 소철, 개쑥갓 등이 있다.

★ 동물성 식중독

동물성 식중독은 어패류에 의해 일어나며, 독소의 생산은 동물 자신에 의한 경우와 먹이에서 유래되는 경우가 있다. 특히 조개류는 특이한 환경 조건이나 특정한 시기에 독화(毒化)되므로 양식 환경의 정화와 채취시기에 관심을 가져야 한다.

• **복 어**

복어의 독성은 종류, 부위(장기), 계절, 개체, 지역 등에 따라 달라지며, 난소와 간장은 독력이 대단히 강하고, 피부가 흑색이면 무독이지만 다갈색이나 암록색계는 강하다. 계절별로는 난소의 무게가 가장 커지는 산란기 직전인 4~6월에 독력이 가장 강하다.

복어독은 테트로도톡신(tetrodotoxin)으로써 산에 대해서는 강하고, 유기산으로는 파괴되지 않으며, 진한 무기산에 의해서 파괴된다. 또한 끓는 물에 4시간 이상 끓여도 변화가 없고, 6시간 이상일 때 파괴된다.

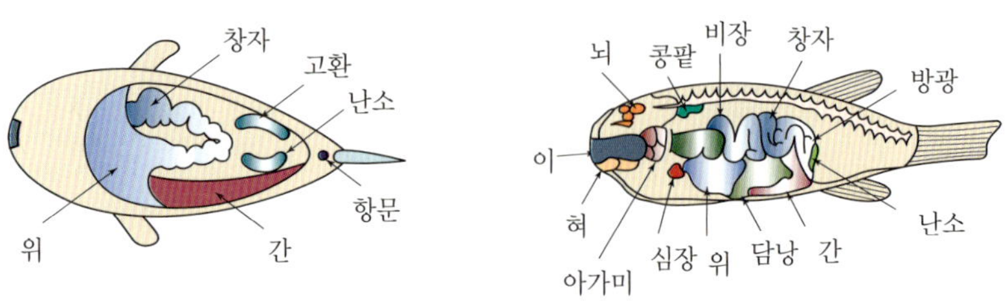

그림 7-4 복어의 해부도

복어독의 중독증상은 섭취 후 3~6시간에 발증하는데, 치사까지는 1.5~8시간 정도 소요되며 사망률은 40~80%로 특징은 마비이다.

예방대책으로는 복어요리 전문가에 의해 요리된 것을 먹도록 하고, 동결 시 유독개체에서 독소가 유출되거나 동일개체에서도 간, 난소 등에서 육질부로 독소가 이행될 우려가 있으므로 주의할 필요가 있다.

• 조개류

중독의 원인이 되는 유독물질은 유독플랑크톤에 의해 생성된 독소를 조개류가 섭취하여 체내에 축적하는 것으로 알려져 있다.

마비성 조개중독: 섭조개, 홍합, 대합조개 등의 이매패(껍데기가 2장인 조개)에 의해서 일어난다.

유독성분은 처음에는 마이틸로톡신(mytilotoxin)으로 명명하였으며, 순수하게 분리 후에는 삭시톡신(saxitoxin)이라 명명했고, 그 후 유사 화합물인 고니아우톡신(gonyautoxin), 프로토고니아우톡신(protogonyautoxin) 등이 발견되었다.

중독증상으로는 식후 30분경에 입술, 혀, 잇몸, 안면 등의 마비로 시작하여 사지가 마비되고 기립보행이 곤란해지며, 치명률은 10% 정도이다.

예방책으로는 중장선에 거의 국한되어 축적되므로 이를 제거하면 중독방지에 도움이 된다.

베네루핀(venerupin) 중독: 모시조개, 바지락, 굴 등의 패류에 의해 일어나는 식중독으로 증상은 불쾌감, 권태감, 식욕부진, 복통, 오심, 구토, 변비이고 피하에 반드시 출혈반점이 나타나며 치사율은 44~50% 정도이다.

테트라민(tetramine) 중독: 한류성 심해에 서식하는 육식성 권패, 소라, 고동, 조각매물고동 등을 섭취하여 발생하는 식중독으로 독소는 권패의 타액선에 존재하는 테트라민이다.

(3) 곰팡이독

식품에 온도, 습도, 산소, 수소이온 농도, 영양, 보존료 유무 등 각종 환경인자가 관여하여 곰팡이가 발생하며, 이 곰팡이가 생산하는 2차 대사산물로서 사람이나 가축에 급성 혹은 만성의 생리적·병리적 장해를 유발하는 유독물질군을 총칭하여 곰팡이독(mycotoxin)이라고 한다.

곰팡이독을 생산하는 곰팡이는 다른 곰팡이와는 달리 열에 대하여 안정하여 가공 과정에서 분해되지 않고 잔류하며, 유독 곰팡이들이 수확 전후에 곡류나 그 가공품에 침입하여 증식하므로 오염 기회가 많고, 발암성이 매우 강한 종류도 있어 문제가 되고 있다.

우리나라는 쌀을 주식으로 하고 발효식품의 섭취량이 많은데다 여름철 기후가 고온다습하여 곰팡이 번식에 적합하므로 곰팡이독에 의한 피해 가능성이 크다.

곰팡이독은 간장독(hepatotoxin), 신장독(nephrotoxin), 신경독(neurotoxin), 광과민성 피부염 물질, 조혈기능장해를 일으키는 독소류 등이 있다.

(4) 바이러스와 식중독

최근 세균성 병원체가 분리되지 않은 식중독 중 바이러스가 원인병원체임이 밝혀지면서 바이러스성 식중독에 관한 관심이 고조되고 있다. 바이러스성 식중독이란 바이러스에 오염된 음식물을 섭취하여 일어나는 건강상의 장애를 말한다. 대표적인 바이러스는 노로바이러스(Norovirus)이다. 바이러스는 세균성 식중독과는 달리 미량의 개체(10~100)로도 발병이 가능하고, 환경에 대한 저항력이 강하며, 수인성 전염병과도 유사하다. 바이러스는 숙주세포 내에서만 증식이 가능하고 오염된 식품 속에서는 증식하지 않기 때문에 보통 식중독균이 잘 자라는 '위험온도범위' 와는 관련이 없다.

바이러스성 식중독의 주요 원인으로는 바이러스에 오염된 수역에서 채취한 어패류(조개, 굴 등), 오염된 물로 세척한 샐러드, 오염된 물 또는 얼음, 감염된 환자의 토사물과의 접촉, 공기전파, 조리종사원의 비위생적 작업습관으로 인한 식품오염 등을 들 수 있다.

바이러스성 식중독의 증상은 메스꺼움, 구토, 설사, 위경련 등이며, 때로는 미열, 오한, 두통, 근육통과 피로감을 동반한다. 갑작스러운 설사를 하며 1~2일 지속된다.

2. 환경오염과 식품위생

1) 중금속 · 농약 · 합성세제에 의한 식품오염

매연, 폐수, 하수, 고형폐기물 등에는 각종 중금속 및 합성세제가 함유되어 있으며, 이것이 대기오염, 수질오염, 토양오염은 물론 먹이연쇄를 통해 인체에 흡수, 축적되어 만성중독을 일으킨다.

농약은 대상 생물에 대해서는 유독하나 인축에 무독한 것이 이상적이지만 거의 대부분의 것이 유독하다.

2) 항생물질 · 방사능에 의한 식품오염

가축의 사육이나 수산물의 양식과정에는 생산성을 향상시킬 목적으로 배합사료의 사용이 늘고 있으며, 이 배합사료에는 질병치료나 발육촉진을 목적으로 항생물질, 합성항균제 및 합성호르몬제가 첨가되어 식육, 우유 또는 수산물에 잔류하여 식품을 통해 인체에 이행될 가능성이 있다.

3. 전염병과 기생충

병원체가 음식물이나 음료수에 부착되거나 손, 완구 등을 매개로 하여 입을 통해 소화관으로 들어가 감염을 일으키는 병을 전염병이라 하며, 병원체에 따라 세균에 의한 것(세균성 이질, 장티푸스, 파라티푸스, 콜레라, 성홍열, 디프테리아 등), 바이러스에 의한 것(유행성 간염, 전염성 설사증, 급성 회백수염 등), 원생동물에 의한 것(아메바성 이질) 등으로 구분할 수 있다.

전염병을 예방하기 위해서는 손, 기구 및 용기의 소독, 식품의 가열, 냉장 · 냉동 시설, 작업장의 청결 및 관리, 위생해충의 방지, 예방접종 등이 요구된다.

기생충은 주로 음식물과 함께 경구 감염되어 소화기계나 기타 내장의 여러 기관에 기생하면서 인체에 해를 입힌다. 경구감염 경로는 동물성 식품을 통한 감염과 채소 등 일반 식품을 통한 감염이며, 우리나라의 기생충감염률이 비교적 높은 이유도

회나 날 것에 대한 선호, 인분 등의 비료 사용에 기인한다고 볼 수 있으며, 한편으로는 전근대적인 생활환경과 불결한 개인위생과도 깊은 관련이 있을 것이다. 기생충증의 예방법으로는 화장실 개량(수세식), 집단적으로 정기적 검변 실시, 수육과 어패류의 충분한 가열조리 후 섭식, 채소류의 생식 시에는 청정야채 이용, 식사하기 전에 손 세척 등이다.

최근에는 광우병(소해면상뇌증: BSE, Bovine Spongeform Encephalopathy), 변종 크로이츠펠트야콥병(New Variant Creutzfeldt-Jacob Disease, vCJD, 인간광우병), 조류독감(AI, Avian Influenza), 사스(중증급성호흡기증후군: SARS, Severe Acute Respiraory Syndrom) 등의 신종 인수공통전염병이 자주 문제시 되고 있다.

4. 환경호르몬

환경호르몬(내분비계 장애물질)이란 생물체에서 정상적으로 생성, 분비되는 물질이 아니라 인간의 산업활동을 통해서 자연계에 생성, 방출된 화학물질이 생물체에 흡수되면서 이러한 물질들이 생물체에 호르몬처럼 작용하는 데서 연원된 이름이며, 이러한 물질들은 호르몬의 작용을 억제하기도 하고 또 강화시키기도 하면서 극미량으로 생체의 발육과 성장 및 각종 기능에 중대한 영향을 미친다.

내분비계의 정상적인 기능을 방해하는 화학물질로 정의되는 내분비계 장애물질은 자연환경 중에 배출된 화학물질이 체내에 유입되어 마치 호르몬처럼 작용한다고 하여 환경호르몬이라고 한다.

환경호르몬을 예방하는 생활수칙으로는 지방질이 많은 육류보다는 곡류 · 채소 · 과일을 많이 먹고 전자레인지에 플라스틱 또는 랩으로 음식을 씌워 데우는 일은 삼가는 것이 좋다. 쓰레기 배출을 최소화하여 다이옥신 및 침출수의 용출을 막으며 분리수거와 부피 줄이기에 노력한다.

결국 환경호르몬으로부터 가족을 보호하기 위해서는 소비자 스스로 소비생활 유형을 바꾸는 등 적극적인 대처가 필요하다.

세계보건기구(WHO)의 식중독 예방을 위한 황금법칙 10가지

1. **안전을 위해 가공식품을 선택하라**

   신선식품의 섭취가 좋으나 생과채류는 위해미생물 등에 의한 오염도 있을 수 있기 때문에 적절한 방법으로 살균되거나 청결히 세척된 제품을 선택한다.

2. **적절한 방법으로 가열조리하라**

   식중독 등을 유발하는 위해미생물을 사멸시키기 위하여 철저히 가열해야 한다. 고기는 70℃ 이상에서 익혀야 하고, 뼈에 묻은 고기도 잘 익히도록 해야 하며, 냉동한 고기는 해동한 직후에 조리해야 한다.

3. **조리한 식품은 신속히 섭취하라**

   조리한 식품을 실온에 방치하면 위해미생물이 증식할 수 있으므로 조리한 음식은 가능한 한 신속히 섭취한다.

4. **조리식품 저장 보관 시 주의를 기울여라**

   조리식품을 4~5시간 이상 보관할 경우에는 반드시 60℃ 이상이나 10℃ 이하에서 저장해야 한다. 특히 먹다 남은 이유식은 보관하지 말고 버려야 한다. 조리식품의 내부온도는 냉각속도가 느리기 때문에 위해 미생물이 증식될 수 있다. 따라서 많은 양의 조리식품을 한꺼번에 냉장고에 보관하지는 말아야 한다.

5. **저장조리식품 섭취 시 재가열하라**

   냉장보관 중에도 위해미생물의 증식이 가능하므로 이를 섭취할 경우 70℃의 온도에서 3분 이상 재가열하여 섭취한다.

6. **조리한 것과 조리하지 않은 식품의 접촉을 막아라**

   가열 조리한 식품과 날 식품이 접촉하면 조리한 식품이 오염될 수 있으므로 서로 섞이지 않도록 한다.

7. **손을 철저히 씻어라**

   손을 통한 위해미생물의 오염이 빈번하므로 조리 전과 다른 용무를 본 후에는 반드시 씻어야 한다.

8. **조리대는 항상 청결히 유지하라**

   부엌의 조리대를 항상 청결하게 유지하여 위해미생물이 음식에 오염되지 않도록 해야 하며, 행주, 도마 등 조리기구는 매일 살균, 소독, 건조해야 한다.

9. **쥐 및 곤충 등이 접근하지 못하도록 음식보관에 유의하라**

   곤충, 쥐, 기타 동물 등을 통해 위해미생물이 식품에 오염될 수 있으므로 동물의 접근을 막을 수 있도록 주의하여 보관해야 한다.

10. **깨끗한 물로 조리하라**

    깨끗한 물로 세척하거나 조리해야 하며, 의심이 날 경우 물을 끓여 사용해야 하고, 유아식을 만들 때에는 특히 주의해야 한다.

연 습 문 제

1 국내에서 최근에 발생한 식중독 사고의 사례를 찾아보고 그 대책을 세워보자.

2 환경호르몬이 인간에게 미치는 영향과 그 대책을 좀 더 구체적으로 인터넷을 통해 조사해보자.

3. 국내외의 식품위생 관련 기사를 살펴보자.

인터넷사이트

1 http://www.kfda.go.kr (한국 식품의약품안전청)
2 http://www.cj.co.kr (씨제이제일제당(주))
3 http://foodinfo.pe.kr (오박사의 식품정보)
4 http://www.bofido.com (장내 미생물 관련 정보)

CHAPTER 8

식품의 바른 선택과 보존

우리가 매일 가장 많은 소비를 하고 있는 것은 식품이다. 식생활의 중심이 되는 식품은 건강에 직접적인 영향을 주므로, 식품을 올바르게 선택하여 잘 보관함으로써 건전한 식생활을 유지하는 것은 매우 중요하다. 그러나 다양한 가공식품이 지속적으로 개발 · 보급되고, 수입식품이 범람하면서 식품 선택의 폭은 넓어졌으나 식품의 올바른 선택 및 구매는 더욱 어려운 실정이다. 따라서 식품표시가 제공하는 정보, 수입식품과 유기농산물의 식별방법, 품질인증 마크의 활용법 등을 알아두어 합리적인 식품 선택이 이루어지도록 해야 하며, 아울러 식품보관에도 주의를 기울여야 하겠다.

1. 식품표시 바로 알고 올바르게 활용하자

식품표시란 식품, 식품첨가물, 기구 및 용기 · 포장지에 기재하는 문자 · 숫자 또는 도형을 말한다. 식품표시의 가장 중요한 역할은 식품에 대한 정보제공으로, 식품의 제품명, 원료명, 유통기한, 보존방법, 영양성분 등 식품의 선택 및 구매에 필요한 유익한 정보를 제공한다. 식품표시는 식품의 건전한 유통과 안전성 확보에도 중요한 역할을 하고 있다. 우리나라는 1996년 식품위생법 제10조에 식품 등의 표시기준을 고시하고 수입식품을 포함한 가공식품에 식품표시를 하도록 하였다.

1) 유통기한

식품을 구매할 때 가장 중요하게 고려하는 표시사항은 유통기한(sell by date)이다. 유통기한이란 식품의 제조·유통업자가 소비자에게 식품을 유통하거나 판매하는 것을 허용하는 최종일이다. 따라서 유통기한 내의 식품을 구입해야 하며, 식품의 제조·유통업자는 유통기한이 지난 식품을 판매해서는 안 된다.

유통기한 내의 식품은 보관 및 관리가 잘되면 일정 수준의 품질과 안전성이 보장된다는 것을 의미한다. 햄, 베이컨 등과 같이 쉽게 변질되는 식품은 반드시 표시된 보관방법에 따라 보관하면서 유통해야 품질과 안전성이 보장된다. 유통기한이 지난 식품의 가식성 여부는 식품의 저장수명에 따라 다르지만 구입한 식품은 유통기한 내에 소비하는 것이 바람직하다.

유통기한의 표시방법은 나라별로 차이가 있어 수입식품 구매 시에 주의가 필요하다.

표 8-1 유통기한관련 표시법의 종류

종 류	의 미	비 고
제조일자 (manufacture date)	식품을 제조한 날짜	
포장일자 (date of package)	식품을 포장한 날짜	
품질유지기한 (best before date)	정해진 조건하에서 보관했을 때 최상의 품질을 유지하는 최종일	품질유지기한이 지난 식품은 일정기간 동안 소비할 수 있음
소비기한 (use by date)	정해진 조건하에서 보관했을 때 위생상의 안전성이 보장된 최종일	소비기한이 지난 식품은 소비할 수 없음

2) 원재료명

우리나라에서는 식품의 제조에 사용한 원재료명(식품첨가물 포함)을 많이 사용

알레르기 유발식품의 식품표시

- 알레르기 유발식품이나 이들 식품에서 얻은 성분을 원료로 사용한 경우 원재료명을 반드시 표시
  예 달걀을 함유한 빵
- 알레르기 표시가 의무화되어 있지 않은 식품첨가물은 그 기원이 되는 원재료명을 반드시 표시
  예 카세인나트륨(우유), 레시틴(대두), 키틴(게)
- 알레르기 유발성분이 들어있지 않으나 알레르기 유발성분이 함유된 식품과 같은 시설을 이용하여 제조되는 식품에는 그러한 사실을 표시
  예 이 제품은 메밀을 사용한 제품과 같은 제조시설에서 제조함

한 순서에 따라 5가지 이상 표시하도록 규정하고 있다. 단, 한국인에게 알레르기를 유발하는 것으로 알려진 12가지 식품(난류, 우유, 메밀, 땅콩, 대두, 밀, 고등어, 게, 돼지고기, 복숭아, 토마토, 새우)을 함유하거나 이들 식품 유래의 성분을 원료로 사용한 경우 함유량에 관계없이 원재료명을 표시해야 한다.

3) 영양표시

(1) 영양성분 표시

영양성분의 함량기준은 100g당, 100mL 또는 그 포장이 소비자가 1회 섭취하는 양인 경우에는 1포장당 함유된 값으로 표시해야 한다. 용기나 포장에 소비자에게 제공하는 횟수를 표시한 경우 1인분량 또는 1회분량당 함유된 값을 표시할 수 있다.

영양성분 표시대상 식품은 열량, 탄수화물(당류), 단백질, 지방(포화지방, 트랜스지방), 콜레스테롤, 나트륨에 대하여 영양소의 명칭과 함량 그리고 영양소 기준치에 대한 비율(%)을 반드시 표시해야 한다. 단, 열량, 탄수화물 중 당류, 지방 중 트랜스지방에 대하여는 영양소 기준치에 대한 비율은 표시하지 않는다.

특정 영양소에 대해서 저, 무, 고(또는 풍부), 함유(또는 급원), 덜, 더, 감소, 라이트, 강화, 첨가 등의 용어로 표시한다.

영양성분 표시대상 식품은 ① 특수용도식품, ② 과자류 중 식빵, 케이크류, 빵, 도넛, 기타 빵, 견과류, 캔디류, 초콜릿, 잼류, ③ 면류, ④ 레토르트식품, ⑤ 음료류,

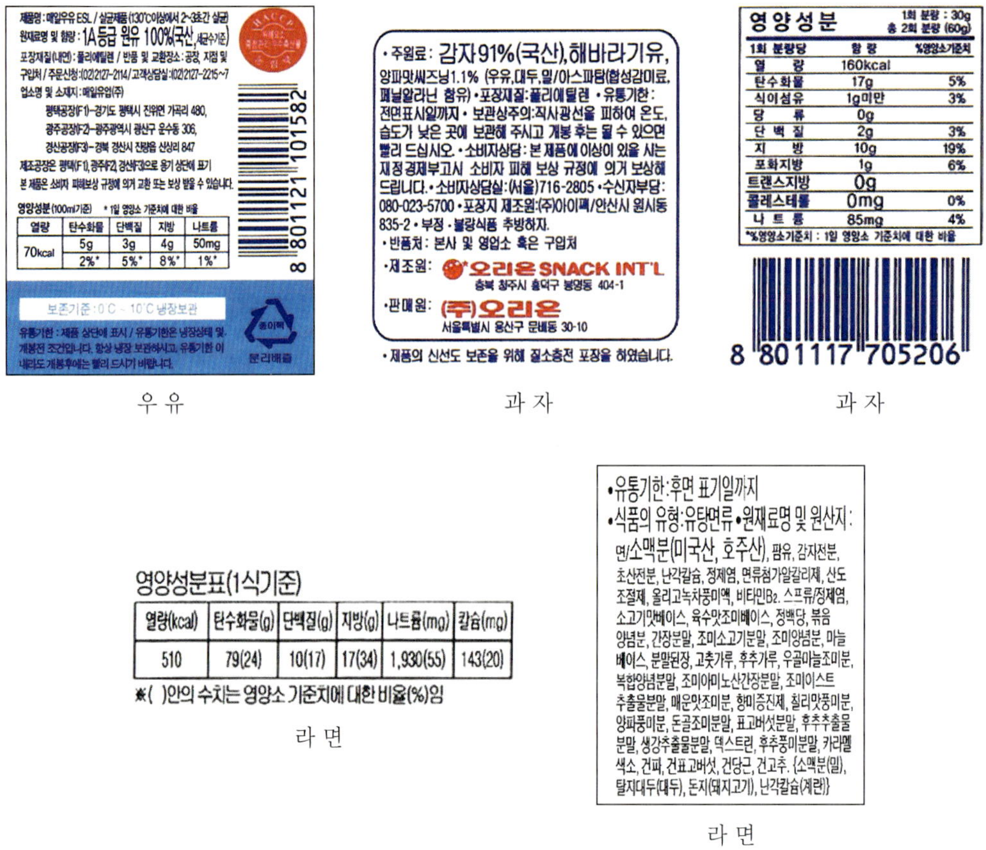

그림 8-1 가공식품의 식품표시

유전자재조합식품의 표시

■ **대상품목**

콩, 콩나물, 옥수수, 면화, 유채, 사탕무, 유채를 싹틔워 기른 새싹채소에 대하여 유전자재조합농산물과 그 가공품에 표시하며, 단 최종제품에 유전자재조합 DNA 또는 외래 단백질이 없는 식품은 표시하지 않는다.

■ **표시기준**

유전자변형농산물 : '유전자변형(농산물명)' 으로 표시
유전자변형농산물이 포함된 경우 : '유전자변형(농산물명) 포함' 으로 표시
유전자변형농산물의 포함가능성이 있는 경우 : '유전자변형(농산물명) 포함가능성 있음' 으로 표시

⑥ 영양성분 또는 영양강조표시를 하고자 하는 식품, ⑦ 건강기능식품 등이다.

2. 수입식품의 선택은 이렇게 하자

한미 FTA 협상이 타결되면서 식품의 수입은 매년 크게 증가하고 있다. 수입식품은 유통기한을 연장하기 위해 유해한 화학물질로 처리를 하는 경우가 많아 우리의 건강을 위협하고 있다. 최근에는 납덩이가 들어있는 꽃게, 타르 색소로 물들인 검은깨의 수입이 알려지면서 수입식품에 대한 불안심리가 고조되고 있다. 따라서 가능한 국내에서 생산된 식품을 구입하는 것이 좋으나, 부득이 수입식품을 구입하고자 할 때는 다음 사항에 주의하여 수입식품을 선택해야 한다.

- 우리나라의 식품위생법에 맞게 표기된 식품표시를 확인한다.
- 유통기한을 비롯한 표시기준은 나라별로 차이가 있으므로 반드시 원산지 표시를 확인한다.
- 포장상태에 이상이 없는지 확인한다. 포장이 파손되면 운송 · 유통 중에 미생물이 번식하여 변질될 위험성이 높다.
- 화학물질의 냄새가 나는지 확인한다. 수입식품은 운반이나 유통기간이 길어서 신선도를 유지하기 위해 화학물질 처리를 하는 경우가 많은데, 화학물질은 우리 몸에 해로우므로 주의해야 한다.
- 썩은 냄새나 곰팡이 냄새가 나는지 확인한다.
- 건조식품은 색에 이상이 없는지 확인한다.

표 8-2 우리 농산물과 수입 농산물의 외형적 특성

	우리 농산물	수입 농산물
마 늘	(통마늘) • 수염뿌리가 붙어 있다. • 크기가 고르지 않다. • 껍질에 흙 등이 묻어 있다. (깐 마늘) • 색이 연하고 무겁다. • 통통하고 끝이 뾰족하다. • 냄새가 강하다.	• 수염뿌리가 없다. • 크기가 고르다. • 껍질이 깨끗하고 밝은 색이다. • 색이 진하고 가볍다. • 납작하고 끝이 뭉툭하고 모양이 다양하다. • 냄새가 약하다.
당 근	• 끝이 뾰족하고 색이 진하다.	• 끝이 뭉툭하고 색이 연하다.
오렌지	• 껍질이 매끄럽고 얇으며 잘 벗겨지지 않는다. • 꼭지가 붙어 있으며 싱싱하다. • 신맛과 단맛이 적당하다.	• 껍질이 거칠고 두꺼우며 잘 벗겨진다. • 꼭지가 떨어진 것이 있으며 말라 있다. • 신맛이 적다.
호 두	• 피호두는 크기가 적고 윤기가 있다. • 깐호두는 대부분 원래의 모양을 유지하며 연한 황갈색이고 고소한 맛이 있다.	• 피호두는 크기가 크고 윤기가 없다. • 깐호두는 쪼개져 있거나 부서진 것이 많으며, 색은 연한 황갈색(미국)이나 진한 황갈색(중국)이고 고소한 맛이 적다.
잣	• 겉에 상처가 많으며, 진노랑색으로 윤기가 많다. • 맛이 고소하며 물에 담그면 기름이 조금 나와서 물에 뜨고 흰색으로 변하는 것이 적다.	• 겉에 상처가 적고 연노랑색이며 윤기가 나지 않는다. • 고소한 맛이 적고 텁텁하며 물에 담그면 기름이 많이 나오고 흰색으로 변한다.
밤	• 윤기가 많고 껍질이 깨끗하다.	• 윤기가 없고 껍질에 흙, 먼지 등이 붙어 있다.
대 추	• 윤기가 많고 껍질이 깨끗하다. • 속이 연한 황갈색이다.	• 윤기가 적고 껍질에 곰팡이가 끼어 있다. • 속이 어두운 황갈색이다.

표 8-3 우리 축산물과 수입 축산물의 외형적 특성

	우리 축산물	수입 축산물
쇠고기 (등심)	• 형태가 다양하고 육색이 선홍색이다. • 지방층이 가늘고 고르게 분포되어 있다. • 떡심이 중간 부위에 붙어있다.	• 형태가 고르고 육색이 검붉은 색이다. • 지방층이 두껍고 고르지 않다. • 떡심이 윗부분에 붙어있다.
쇠갈비	• 짝갈비(덩어리) 형태로 유통되며 지방이 흰색이다. • 갈비에 덧살이 붙어있어 두께가 두껍다.	• 한대에 3~5대의 갈비가 붙어있다. • 미국산은 지방이 흰색이고 호주산은 노란색이다. • 갈비에 덧살은 없고 본살만 있어 두께가 얇다.
돼지고기 (삼겹살)	• 자른면이 고르고 않다. • 지방층이 두껍고 등심이 붙어있다. • 고기색이 선홍색이다. • 구우면 지방이 액체상태로 분리된다.	• 자른면이 고르다. • 지방층이 얇고 등심이 붙어있지 않다. • 고기색이 검붉은색이다. • 구우면 지방이 흰색으로 응고된다.
닭고기	• 대부분 냉장상태로 유통되므로 윤기와 탄력이 있다. • 크기가 다양하며 목이 붙어 있는 경우가 많다.	• 냉동상태로 유통되어 윤기와 탄력이 적다. • 크기가 고르며 목이 없다.

표 8-4 우리 수산물과 수입 수산물의 외형적 특성

	우리 수산물	수입 수산물
참조기	• 안구 주위가 노랗고 배쪽이 선명한 황금색이다.	• 안구 주위가 붉고 배쪽이 흰색이다.
고등어	• 등쪽이 연한 청록색이며 등쪽의 물결무늬가 가늘며 청록색이다. • 복부는 은백색이다.	• 등쪽이 짙은 청록색이며 등쪽의 물결무늬가 굵고 청흑색이다. • 복부는 백색이다.
갈치	• 은백색으로 광택이 있으며, 안구 주위가 백색이고 실꼬리가 길다.	• 어두운 은색으로 광택이 없으며, 안구 주위가 노랗고 실꼬리가 짧다.
낙지	• 몸은 선명한 갈색이며, 다리가 가늘다.	• 몸은 회백색 또는 회색이며, 다리가 굵다.
오징어	• 몸은 회백색이나 선명한 자주색이며 긴 다리는 굵고 흡반의 크기는 짧은 다리의 2~3배이다.	• 몸은 검은 자주색이나 흰색이며, 긴 다리는 얇고 긴 편이고 흡반의 크기는 짧은 다리와 비슷하다.

3. 유기농산물, 어떻게 고를까?

유기농산물은 유해한 농약, 화학비료, 제초제 등을 사용하지 않은 안전한 식품으로, 신선도가 오래 유지되고 비타민, 무기질 등이 풍부하다. 유기농산물은 일반 농산물에 비해 식품 고유의 향미가 강하고 감칠맛이 난다. 근채류나 엽채류는 뿌리가 굵고 길며, 많은 것이 특징이다. 유기 농산물의 구별은 그리 쉽지 않으므로, 유기 농산물에 부착된 품질인증 마크를 활용하면 좋다.

표 8-5 유기재배한 채소류의 특징

시금치	• 잎이 두껍고 연녹색이다. • 무겁다. • 뿌리가 굵고 길고 많으며 대가 굵다.	오 이	• 향미가 강하다. • 표면이 거칠고 가시가 많다. • 육질이 단단하고 아삭아삭하다.
양배추	• 잎이 두껍고 색이 연하다. • 섬유질이 많고 무거우며 당도가 높다. • 육질이 질기다.	토마토	• 당도가 높고 감칠맛이 난다. • 섬유질이 많고 아삭아삭하다. • 선명한 붉은색을 띤다.
당 근	• 당도가 매우 높다. • 향기와 색이 매우 진하다. • 섬유질이 많고 육질이 단단하다. • 무겁고 잔뿌리가 많고 길다.		

4. 인증마크는 식품의 질을 보증한다

1) 품질인증 마크

우리나라에서는 우리 농산물의 품질 경쟁력을 제고하고 농산물 안전성 기준 및 축산물 생산조건에 따른 인증으로 소비자의 신뢰를 구축하며, 맛 좋고, 보기 좋고, 품질을 보증하는 농산물 공급체계 확립하기 위해 품질인증제도를 실시하여 품질인증을 받은 식품에는 품질인증 마크가 부착된다.

그림 8-2와 같이 맛 등 품질이 우수하거나 특징적으로 재배한 일반 농산물에는 '品' 자 마크를, 품질관리가 우수한 업체에서 생산한 가공식품에는 'KS' 마크를, 우

그림 8-2 일반 농산물, 가공식품, 전통식품의 품질인증 마크

리 농산물을 주원료로 만든 전통식품에는 '물레방아' 마크를 부착하여 정부가 1년간 품질을 인증하게 된다.

2) 친환경식품의 인증 마크

친환경농산물이란 환경을 보전하고 소비자에게 보다 안전한 농산물을 공급하기 위해 농약과 화학비료 및 사료첨가제 등을 전혀 사용하지 않거나, 최소량 사용하여 생산한 농산물이다. 친환경농산물에는 저농약 농산물, 무농약 농산물, 유기농산물 등이 있으며 축산물도 새로운 인증기준을 마련하여 인증받게 되는데 친환경축산물은 유기축산물, 무항생제 축산물로 표기한다. 일반농산물을 친환경농산물로 허위 또는 둔갑 표시하는 것으로부터 생산자 · 소비자를 보호하기 위하여 이들 농산물에는 친환경식품 인증마크를 부착하고 있다.

(1) 유기농산물

유기합성농약과 화학비료를 전혀 사용하지 않고 재배한 농산물로 전환기간은 다년생 작물은 3년 이상, 그 외 작물은 2년 이상이다. 유기로 전환 중인 경우 표시문자 뒤에(전환기)를 표시한다.

유기축산물은 유기축산물 인증기준에 맞게 재배, 생산된 유기사료를 급여하면서 인증기준을 지켜 생산한 축산물이다.

(2) 무농약 농산물

유기합성농약을 전혀 사용하지 않고 화학비료는 권장량의 1/3 이내를 사용한 농산물이다.

무항생제 축산물은 항생, 항균제를 사용하지 않은 일반사료를 급여하면서 인증기준을 지켜 생산한 축산물이다.

(3) 저농약 농산물

농약 살포 횟수는 농약안전사용 기준의 1/2 이하로 하고 화학비료는 권장량의 1/2 이내로 사용하며 제초제를 전혀 사용하지 않은 농산물이다. 이 농산물의 잔류농약은 식품의약품안전청이 고시한 잔류농약 허용기준의 1/2 이하이어야 한다.

3) 우수농산물 인증 마크

우수농산물(Good Agricultural Practices, GAP)은 농산물의 안전성을 확보하기 위하여 농산물의 생산단계부터 수확 후 포장단계까지 토양, 수질 등의 농업환경 및 농산물에 잔류할 수 있는 농약, 중금속 또는 유해생물 등의 위해요소를 관리하고 그 관리사항을 소비자가 알 수 있도록 하는 체계이다. GAP 대상품목은 식량작물 10품목, 특용작물 4품목, 약용작물 34품목, 버섯 10품목, 채소 30품목, 과수 17품목 등 총 105품목이며, 이들 식품에는 그림 8-3과 같은 GAP의 영문 이니셜을 상징화한 인증마크를 부착한다.

그림 8-3 우수농산물 인증 마크

5. 식품을 신선하게 보관하자

1) 채소와 과일

- 양배추 : 양배추는 바깥쪽 잎을 2~3장 떼어낸 다음, 필요한 양만큼 뜯어내고 떼어낸 바깥쪽 잎으로 다시 싸서 보관하면 잎 끝이 마르거나 변색되지 않는다. 양배추는 칼로 줄기를 잘라낸 후 적신 종이타월을 잘라낸 부분에 넣어 두면 싱싱하게 보관할 수 있다.
- 셀러리, 파슬리 : 빈 병에 잎사귀가 잠기지 않을 만큼 물을 넣고 다발째 집어 넣는다. 이때 셀러리나 파슬리의 잎이 물에 젖지 않도록 주의한다. 병을 밀폐하여 냉장고에 넣어 두면 신선한 상태를 유지할 수 있다.
- 생강 : 껍질을 벗겨 냉동 보관한다.
- 감자 : 껍질 벗긴 감자는 식초물에 푹 잠기도록 보관하면 좋다. 껍질을 벗기지 않은 감자는 구멍 뚫은 검은 봉지에 담아 서늘한 곳에 보관한다.
- 시금치 : 씻지 않은 시금치는 물 뿌린 신문지에 싸서 보관하고, 깨끗이 씻은 것은 비닐팩에 넣어 밀봉한 후 보관한다. 채소실에 둘 때는 세워서 보관하는 것이 좋다.
- 파 : 물기를 빼서 신문지에 싸서 보관한다. 녹색부분이 먼저 시들게 되므로 이 부분을 먼저 먹도록 한다.
- 당근 : 씻지 않은 것은 신문지에 싸서 보관하고, 만일 씻은 것이라면 물기를 완전히 닦아서 비닐팩에 넣어둔다.
- 무 : 구입 후 바로 잎 부분을 떼어내고 신문지로 싸서 보관한다.
- 바나나 : 신문지에 싸서 서늘한 곳에 보관한다.
- 사과 : 신문지로 싸서 비닐팩에 넣은 다음 냉장 보관한다. 이때 다른 채소와 접촉하지 않도록 주의한다.

2) 육 류

육류는 공기에 닿으면 변색되어 맛이 떨어지므로, 고기 표면에 식용유를 바른 뒤 은박지로 싸서 냉장 보관한다. 오래 보관할 때는 랩에 싼 다음 덩어리째 냉동 보관한다.

3) 어패류

어패류는 쉽게 상하므로 되도록 구입 즉시 먹는 것이 좋고, 보관 시에는 주의를 기울여야 한다. 먼저 비늘과 내장을 제거하고 소금물로 깨끗이 씻은 후 물기를 닦아낸다. 소금을 조금 뿌려 종이타월로 싸고 다시 랩으로 싸서 비닐팩에 넣어 보관한다. 모시조개나 바지락은 모래를 제거하고 신문지로 싼 후 비닐팩에 넣어 채소실에 보관한다.

4) 기 타

- 달걀 : 달걀은 기실이 위치하는 껍질의 둥근 쪽을 위로 해서 보관한다.
- 버터 : 다른 냄새가 배어들지 않도록 밀폐 용기에 넣어 냉장 보관한다. 은박지에 싸서 비닐팩에 넣은 버터는 냉동 보관해도 좋다.
- 치즈 : 개봉 후에는 랩으로 싼 후 쿠킹 호일에 말아서 원래의 포장상자에 넣어 냉장 보관한다.
- 햄 : 햄은 1회분씩 나누어서 랩으로 싼 다음 냉장 보관한다. 이때 자른 부위에 술이나 식용유를 발라두면 좋다.
- 두부 : 두부는 깨끗이 씻어 물을 담은 그릇에 담아 냉장 보관하는데, 물은 매일 바꿔 준다. 살짝 데쳐서 보관하면 더 오래 보관할 수 있다.
- 식용유 : 입이 작은 갈색 병에 가득 담은 후 밀폐하여 어둡고 서늘한 곳에 보관한다. 튀김유로 사용한 기름은 식혀서 이물질을 제거한 후 같은 요령으로 보관한다.
- 조미료 : 마요네즈는 사용한 다음 공기를 빼고 뚜껑을 닫아 보관한다. 토마토케첩은 입구를 깨끗이 닦아 보관해야 곰팡이가 생기지 않는다. 개봉한 식초는 반드시 냉장 보관해야 향을 유지할 수 있다.
- 건어물 : 밀폐용기에 담아 냉동실에 보관해야 곰팡이가 생기지 않는다. 단, 무말랭이는 냉동하면 색과 맛이 변하므로 밀봉해서 냉장 보관하는 것이 좋으며, 1개월 내에 소비해야 한다.

목욕을 싫어하는 달걀

달걀의 껍질은 큐티큘라층이라고 하는 얇은 막으로 덮여 있다. 이 막은 달걀 내부로 균이 들어가는 것을 막아주고 호흡을 조절한다. 달걀을 씻어서 이 막이 벗겨지면 균이 침입하여 변질되거나 수분이 밖으로 빠져 나가게 된다. 그러므로 달걀은 조리하기 바로 전에 씻는 것이 좋다.

연습문제

1 각국에서 사용되는 유통기한관련 표시를 조사해 보자.

2 우리 식품과 수입식품을 구별하는 방법을 알아보자.

3 친환경 마크의 종류와 활용방법에 대해 알아보자.

인터넷사이트

1 http://www.kfda.go.kr (한국 식품의약품안전청)
2 http://www.fda.gov (미국 식품의약품안전국)
3 http://www.naqs.go.kr (국립농산물품질관리원)
4 http://www.nfpis.go.kr (국립수산물검사소)

Foods

for

the

Better

Life

PART 4
지구촌 음식

Foods *for the* Better Life

CHAPTER 9

동양의 음식

인간은 수렵이나 채집, 목축, 농업, 어업 등의 수단으로 환경에 적극적인 대응을 하여 먹거리를 확보해 왔다. 식생활은 자연적, 사회적, 경제적 조건에 영향을 받으며 국가마다 독특한 문화를 형성해 가고 있다. 한 민족의 음식문화는 음식의 재료가 되는 식품의 획득 방법과 종류, 음식의 조리 · 가공법, 상차림, 식기류 및 음식을 먹는 방법 등에 대한 정보를 주기 때문에 음식문화의 이해를 통해 한 국가의 전통과 생활을 보다 쉽게 이해할 수 있다.

같은 동양권에 속한다 하더라도 국가마다 독특한 자연환경을 지니고 있어 음식의 재료가 다르고, 사회 · 종교적 특성의 영향으로 나라마다 특유의 음식문화를 이룬다. 하지만 서양권 국가의 음식문화와 비교해 본다면, 동양의 음식문화에는 몇 가지 공통점이 있다. 즉, 농경지, 산과 바다로 이루어진 자연환경을 가지고 있어서 쌀을 주식으로 하고 채소와 해산물을 많이 사용한다. 특히 동북아시아 국가는 콩이나 콩 발효식품을, 동남아시아 국가는 생선 발효식품을 많이 사용하며 서아시아 국가는 커리를 이용하는 음식이 많다.

이번 장에서는 한국 · 일본 · 중국 · 태국 · 베트남 · 인도의 식생활 또는 음식의 특성, 대표음식 및 식사예절 등을 살펴보도록 한다.

1. 소중한 우리나라 음식

우리나라는 평야와 산이 있고 삼면이 바다에 둘러싸여 있는 반도국으로, 사계절의 구분이 뚜렷하여 다양한 음식재료를 사용할 수 있는 자연환경을 지니고 있다. 또한, 대륙과 해양의 양쪽으로부터 문화를 받아들일 수 있는 지리적 위치에 있어 주변 국가의 음식문화를 받아들이고 다른 국가에 음식문화를 전해 주기도 하였다.

1) 우리나라 음식의 특징

사계절이 있기 때문에 계절에 따른 시식(時食)과 절식(節食)이 있고, 준비된 음식을 한 상에 모두 차려 놓고 먹는 것을 원칙으로 한다.

① 주식과 부식이 확연히 구분되어 있고, 국물이 있는 음식을 즐긴다.
② 조리법이 다양하여 국, 찌개, 구이, 찜, 전, 조림, 볶음, 편육, 나물, 생채, 젓갈, 포, 장아찌, 김치 등 음식종류가 많다.
③ 김치, 장, 젓갈 등 발효식품을 많이 섭취한다.
④ 갖은 양념이라고 하여 간장, 파, 마늘, 깨소금, 참기름, 후춧가루, 고춧가루 등 여러 가지 양념을 음식에 사용한다.
⑤ 재료를 잘게 썰어서 만든 음식이 많다.

2) 지역의 자랑거리 : 향토음식

인적 · 물적 교류가 많아지면서 식생활 문화의 양상이 비슷해졌지만, 각 지역마다 음식재료에 특징이 있고 기후가 다르기 때문에 아직도 특색이 있는 음식이 전승되고 있다. 우리나라의 음식은 조선시대풍의 요리가 남아 있는데, 서울 · 개성 · 전주의 음식이 가장 화려하고 다양하다. 대체로 남쪽으로 갈수록 음식의 간과 매운맛도 강하고, 여러 종류의 음식을 조금씩 만든다. 북쪽으로 갈수록 간이 싱겁고 매운맛이 덜하고 맛이 담백하며, 음식의 종류는 적지만 크기가 크고 양은 푸짐하다.

표 9-1 지역별 음식의 특징과 대표음식

지 역	음식의 특징	대표음식
서울	양념을 곱게 다져서 쓰고 짜지도 맵지도 않고 중간 정도의 간을 한다. 음식은 작고 모양이 예쁘게 멋을 내고, 양은 적고 가짓수를 많이 만든다.	육개장, 설렁탕, 탕평채, 너비아니구이, 닭찜, 신선로, 구절판, 화전, 강정, 통배추김치, 나박김치, 장김치
경기도	음식의 간이나 양념은 서울음식과 비슷하며, 개성의 음식이 유명하다. 음식을 만들 때 여러 가지 재료를 사용하고 정성을 많이 들인다.	조랭이떡국, 홍해삼, 무찜, 주악, 편수, 닭젓국, 장떡, 보쌈김치
충청도	꾸밈이 없고 양념도 많이 쓰지 않아 담백하고 소박한 음식이 많다.	청국장, 호박범벅, 녹두편, 청포묵, 올갱이국, 굴깍두기, 석박지
강원도	육류나 젓갈을 적게 쓰고 멸치나 조개를 넣어 음식의 맛을 내기 때문에 맛이 극히 소박하고 담백하다.	명태구이, 오징어구이, 산나물, 더덕생채, 감자송편, 메밀묵, 메밀막국수, 창란젓, 깍두기, 오징어무말랭이김치
전라도	다른 지방보다 음식에 더 많은 정성을 들인다. 반찬 가짓수가 많은 상차림, 각종 젓갈, 감칠맛이 강하고 짭짤하고 매운 음식이 유명하다.	홍어찜, 낙지호롱(구이), 붕어조림, 꼬막무침, 전주비빔밥, 부각, 미나리강회, 산자, 갓김치, 고들빼기김치
경상도	음식은 맵고 간은 센 편이며, 음식에 멋을 내지 않아 양념을 적게 쓰고 소박하다.	진주비빔밥, 해물파전, 닭칼국수, 조개국수, 홍합초, 상어산적, 재첩국, 미더덕찜, 아구찜, 안동식혜, 깻잎김치, 콩잎김치
제주도	해초와 된장으로 소박한 맛을 낸다.	전복찜, 자리물회, 옥돔구이, 해물뚝배기, 돼지고기 육개장, 초기전(표고버섯전), 빙떡, 메밀저배기, 전복김치, 해물김치
황해도	음식의 맛은 강하지도 맵지도 않고, 음식에 기교를 부리지 않아 소박하며 큼직하고 푸짐하다.	김치말이, 순두부, 세아리밥(잡곡밥), 되비지탕, 행적(배추김치누름적), 동치미, 호박김치
평안도	음식의 재료, 모양, 맛 등은 황해도 음식의 특징과 비슷하다.	냉면, 어복쟁반, 녹두부침, 순대, 만둣국, 온반, 노티(잡곡가루 전병), 냉면, 김장김치, 백김치, 동치미
함경도	음식의 모양은 큼직하고 장식이나 기교를 부리지 않고, 고추와 마늘 양념을 많이 쓰는 음식도 있다.	동태순대, 가자미식해, 가릿국(고기국 국밥), 회냉면, 감자막가리만두, 콩나물김치, 대구깍두기

3) 다양한 우리의 상차림

(1) 일상의 상차림

우리나라의 일상식은 쌀과 잡곡을 재료로 하여 지은 밥과 여러 가지 반찬으로 구성되며, 조선시대에 일상식 차림의 구성법이 정착되었다.

★ 상차림의 원리

- 상의 앞줄 중앙을 기준으로 밥그릇은 왼쪽, 국그릇은 오른쪽에 놓는다. 국물 있는 그릇은 가까이, 수저는 반드시 오른쪽에 놓는다.
- 영양과 맛을 고려하여 음식을 차리므로 반찬의 그릇수에 따라 표 9-2와 같이 3첩, 5첩, 7첩, 9첩, 12첩의 다양한 상차림이 있다. 첩이란 뚜껑 있는 반찬 그릇을 말하는 것으로 밥, 국, 김치, 찌개, 장 등을 제외한 반찬 그릇의 수를 의미한다.
- 상은 네모지거나 둥근 것을 쓰고, 음식을 차릴 때에는 반드시 음식을 높이는 정도를 일정하게 한다.

표 9-2 첩 수에 따른 반찬의 종류

	밥	탕	김치	종지	조치류	숙채	생채	구이	조림	전류	마른반찬 또는 젓갈	회
3첩 반상	○	○	○	간장		○	○	○ (혹은 조림)				
5첩 반상	○	○	○	간장 초간장	찌개류	○	○	○ (혹은 조림)		○	○	
7첩 반상	○	○	○	간장 초간장 초고추장	찌개 1 찜 1	○	○	○	○	○	○	○
9첩 반상	○	○	○	간장 초간장 초고추장	찌개 1 찜 1	○	2	2	○	○	○	○
12첩 반상	○	○	○	간장 초간장 초고추장	찌개 1 찜 1	2	2	2	○	2(전 또는 편육)	○	2

★ 상차림의 종류

상차림은 한 상에 차려지는 반찬의 종류, 가짓수 및 배열방법을 의미한다.

일상식에는 반상, 죽상, 면상, 만두상, 떡국상이 있으며, 손님 접대를 위한 주안상, 교자상, 다과상이 있다.

• 반 상

밥, 국, 김치를 기본으로 차리는 밥상이다. 나이 어린 사람에게는 밥상, 어른에게는 진지상, 임금님 밥상은 수라상이라고 한다.

• 면상, 만두상, 떡국상

밥을 대신하여 점심 또는 간단한 식사 때 차리는 상이다. 전유어, 잡채, 배추김치, 나박김치 등을 반찬으로 상에 올린다.

• 주안상

술을 대접하기 위해 차리는 상이다. 술과 함께 전골이나 찌개, 전유어, 회, 편육, 김치를 술안주로 상에 올린다.

• 교자상

경사가 있을 때 장방형의 큰 상에 차려 여러 사람이 함께 둘러앉아 음식을 먹도록 차리는 상이다.

그림 9-1 5첩 반상

그림 9-2 교자상

(2) 통과의례 상차림

사람이 태어나서 죽을 때까지 행하는 의식을 통과의례(通過儀禮)라 하고, 이때에는 음식을 갖추어서 의례를 지킨다. 탄생, 삼칠일, 백일, 돌, 관례, 혼례, 회갑, 회혼례, 상례, 제례 등을 거치게 되는데 그때마다 특별한 상차림이 있다. 현재까지도 우리 식생활에서 차려지고 있는 것으로 다음과 같은 상차림이 있다.

★ 백일상

아기가 태어난 지 백일이 되면 흰밥, 미역국, 백설기, 붉은 팥고물을 묻힌 차수수경단과 오색의 송편으로 상을 차린다. 많은 사람과 나누어 먹어야 아기가 장수한다 하여 친척과 이웃이 모여 음식을 나누어 먹는다.

★ 돌상

아기가 태어나서 만으로 한 해가 되는 날을 돌이라 한다. 백일잔치는 못하더라도 돌잔치만은 빈부를 막론하고 차려 준다. 돌상에 차리는 음식과 물건은 아기의 장수, 자손의 번성과 다재 다복의 의미가 담겨져 있다.

무명실 타래와 국수는 장수를, 쌀은 먹을 복을, 대추는 자손 번영을, 종이와 붓과 책은 학문이 탁월하기를, 활은 용감하고 무술이 능하기를, 청 · 홍실 타래는 장수와 부부 금실이 좋기를 기원하는 것이다.

＊ 혼례음식

혼례음식은 많이 간소화되어 납폐를 위한 봉치떡과 시부모께 폐백을 드릴 때 준비하는 음식만이 지금까지 만들어지고 있다.

• 봉치떡

납폐는 신랑집에서 함을 보내 신부집에서 받는 일이고, 이때 신부집에서는 봉치떡을 준비한다. 이 떡은 팥시루떡으로 찹쌀 3되, 붉은 팥 1되로 시루떡 2켜만을 시루에 앉히고 대추 7개를 중앙에 놓고 찐다. 봉치떡을 찹쌀로 하는 것은 찰 것처럼 부부의 금실이 좋기를 뜻하는 것이고, 붉은 팥은 화를 피하라는 뜻이며, 떡을 2켜로 한 것은 부부 한 쌍을 뜻하고, 대추 7개는 아들 7형제를 상징한다.

• 폐백 음식

신부 쪽에서 준비하여 시댁 어른께 드리는 음식으로 지방마다 약간 차이가 있지만, 일반적으로 대추와 쇠고기 편포로 한다. 서울에서는 편포나 육포 · 밤 · 대추 · 엿 · 술을, 전라도에서는 대추와 꿩을, 경상도에서는 대추와 닭을 준비한다.

4) 외국인과 함께 즐기는 우리 음식

육류 중심의 식생활을 하는 서양인들의 동양 음식에 대한 관심이 증가하고 있고, 세계화의 흐름 속에서 많은 외국인들이 우리나라를 방문하거나 거주하기도 한다.

그림 9-3 외국인들이 즐기는 우리 음식

우리 전통음식 중에는 그림 9-3과 같이 외국인들이 즐겨 먹을 수 있는 음식이 많지만, 이미 국제적으로 인정을 받고 있는 김치와 앞으로 제2의 국제식품으로 개발이 되었으면 하는 떡에 대하여 알아보도록 한다.

(1) 김 치

일반적으로 소금을 사용하여 젖산발효시킨 것을 김치라고 한다. 김치를 문헌적으로 확인할 수 있는 것은 고려 후기의 일이다. 그 이전의 김치는 그 당시 재배되던 채소와 이웃 나라의 문헌을 통해 짐작할 수밖에 없다. 상고시대에는 무, 가지, 죽순 등의 채소를 소금이나 술지게미에 절여 두고 먹었으리라고 생각된다. 조선시대인 17~18세기에 배추를 주재료로 붉은 고추를 사용한 오늘날과 같은 김치가 제조되었다.

김치는 숙성 원리는 같지만 사용하는 주재료, 부재료, 양념, 젓갈, 소금의 양이 다양하기 때문에 배추김치 11종, 무김치 21종, 나물김치 20종, 물김치 19종, 깍두기 16종, 동치미 10종, 기타 김치 46종 등 143종이나 된다. 하지만 먹거리가 풍부해지고 식생활이 서구화되면서 김치의 소비량이 점차 감소하고 있다. 일상의 식생활에서 많이 섭취되는 김치는 배추김치, 깍두기, 열무김치, 동치미, 총각김치, 파김치, 오이소박이 등이다.

밥, 라면, 국물 있는 국수뿐만 아니라 기름진 음식을 먹을 때도 김치는 식욕을 북돋아 주고 입맛을 개운하게 해준다. 매운 김치가 비만방지에 효과적이기 때문에 외국인들의 관심이 매우 높다. 또한 서구 음식이 국내에서 많이 섭취되기 때문에 외국음식에 김치를 이용한 새로운 음식을 개발한다면 김치 소비가 더욱 증가할 것이다. 김치를 이용한 외국음식들에는 김치 피자, 김치 버거, 김치 잡채(중국식), 김치 우동(일본식), 김치 샐러드, 김치 스파게티 등이 있다.

(2) 떡

쌀은 비만방지에 효과적인 식품이라는 인식 때문에, 아시아 지역은 물론 유럽의 여러 국가에서도 쌀을 이용한 음식인 밥, 국수, 만두, 캐서롤(casserole) 등의 소비가 증가되고 있다.

고조선 부족국가시대부터 만들어 먹었다는 우리나라 떡은 멥쌀과 찹쌀을 주재료로 하여 만들지만, 여러 가지 부재료를 사용하고 만드는 방법이 찌기, 치기, 지지기, 삶기 등 다양하여 떡의 종류가 200여 종이나 된다. 떡은 열량이 적어 주식용으로,

그림 9-4 아름다운 우리 떡

다양한 맛과 시각적 화려함이 있어 후식이나 간식으로 외국인들에게 소개해도 손색이 없는 음식이다(그림 9-4). 떡의 건강상 장점과 종류가 많음을 자랑하는데 그치기보다는 우리와 외국인의 식생활에서 자주 섭취될 수 있는 떡을 만들어야 한다.

5) 명절따라 계절따라 먹는 우리 음식

우리나라는 기후와 밀접한 관계가 있는 농경 위주의 생활을 하므로 세시풍속이 발달하였다. 명절 때 해먹는 음식을 절식(節食), 계절마다 신선한 재료로 만들어 먹는 음식을 시식(時食)이라 한다. 설날, 정월대보름, 중화절, 삼월 삼짇날, 사월 초파일, 단오일, 유두절, 삼복, 칠석, 추석, 중양, 시월 무오일, 동지, 납일 등 절기 때마다 음식을 만들어 즐겼다. 절식과 시식에는 각 계절의 식품을 사용하여 음식을 만들어 먹음으로써 재앙을 예방하고, 몸을 보양하고, 조상을 숭배하고자 하였다. 다음은 현재까지도 흔히 먹고 있는 대표적 절식과 시식들이다.

(1) 설날 음식

떡국, 전, 적, 찜, 한과, 수정과, 과일 등으로 상차림을 하여 가족과 식사하고 세배 온 손님도 대접한다.

• 떡 국

흰떡은 깨끗함을 상징하고 떡국 한 그릇을 먹어야 한 살을 더 먹는다는 뜻이 있다.

(2) 대보름 음식(상원 절식)

대보름(음력 1월 15일)은 신라시대부터 지켜 온 명절로 정월 14일 저녁에는 오곡밥과 묵은 나물을 먹는다. 대보름의 음식으로 약식, 오곡밥, 부럼, 귀밝이술, 묵은 나물, 복쌈 등이 있다.

• 오곡밥

대보름 음식으로 대표적인 것은 약식이지만 오곡밥이 대중적이다. 오곡밥(五穀飯)이란 쌀, 조, 수수, 팥, 콩을 섞어 지은 밥이다. 다른 성씨인 세 집 이상의 밥을 먹어야 그 해의 운이 좋다고 하여 여러 집의 오곡밥을 서로 나누어 먹는 풍습이 있다.

• 부럼

부럼은 생밤, 호두, 은행, 잣 등 견과류이다. 보름날 이른 새벽에 눈을 뜨는 대로 껍질째로 한번에 깨물어서 먹지 않고 내던지며 "부럼이요."라고 말하면 일년 내내 무사태평하며 종기, 부스럼이 나지 않고 치아가 튼튼해진다는 풍습이 있다.

• 묵은 나물(진채식, 陳菜食)

호박고지, 가지, 박고지, 취, 고비, 고사리, 도라지, 무청, 버섯 등을 말리거나 묵혀 두었던 아홉 가지를 나물로 하여 먹는다.

• 귀밝이술

보름날 아침 귀밝이술을 한 잔씩 마시면 한 해 동안 귀가 밝아지고 정신도 맑게 지낸다는 풍습이 있다.

비빔밥의 원조는 골동반이다

비빔밥은 현대인에게 부족한 섬유소를 공급해 주고 필요한 영양소를 한그릇 음식으로 섭취할 수 있어 외국인들에게도 인기 있는 음식이다. 우리 조상들은 섣달그믐에 먹다 남은 반찬이 그대로 해를 넘기는 것을 꺼려서 남은 밥에 반찬을 모두 넣고 비벼 밤참으로 먹는 풍습이 있었다. 이 음식을 궁중에서는 골동반이라고 하였으며, 반가에서도 묵은 해를 보내고 새해를 맞이하는 의미로 골동반을 즐겨 먹었다.

귀밝이술은 이명주(耳明酒)라고도 하는데, 귀가 밝아지는 것은 일년 내내 기쁜 소식만 전해 들으라는 의미이며, 정초에 웃어른들 앞에서 술을 들게 되면 술버릇도 배운다는 연유에서 비롯되었다.

(3) 삼복(三伏) 음식

하지로부터 세 번째 경일(庚日)이 초복, 네 번째 경일이 중복, 그리고 입추가 지나서 첫 번째 경일이 말복인데, 말복은 대개 월복(越伏)이라고도 한다. 이때가 여름 중에 가장 더운 삼복 한 달간인데, 사람들은 더위를 잘 이겨 넘기고자 몸을 보호하는 음식을 먹는 풍습이 있다.

- **개장국**

국내 · 외적으로 논란이 많은 음식이지만 옛날부터 여름철에 보신을 위해 먹던 음식이다. 지금도 개장국은 삼계탕과 함께 보신탕(補身湯)이라 하여 삼복 절식의 대표적인 음식이다. 개고기를 먹지 않는 사람은 쇠고기로 끓이는 국을 먹었는데, 국의 이름을 육개장이라 하여 개장국을 대신하는 음식이라는 의미를 부여하였다.

- **삼계탕**

영계(어린 약병아리)나 오계(검은 영계)에 찹쌀, 인삼, 마늘, 대추 등을 넣고 푹 고아서 만든다.

(4) 추 석

음력 8월 15일은 추석(秋夕), 또는 팔월 한가위라고도 하며 우리의 최대 명절이다. 햅쌀로 빚은 송편, 밤, 대추, 감, 사과, 배 등 햇과일과 토란국을 준비하여 차례를 지내고 가족이 모여 음식을 즐긴다.

- **오려 송편**

올벼로 찧은 오려 쌀로 만들어서 오려 송편이라고 한다. 쑥, 송기, 치자로 맛과 색을 달리하며 송편소로는 거피팥, 햇녹두, 청대콩, 깨 등이 있다. 강원도 지방은 쌀 대신 감자녹말로 빚기도 한다.

• 토란탕

토란은 추석 때부터 나오기 시작하며 흙 속의 알이라 하여 토란(土卵)이라 하고 연잎같이 잎이 퍼졌다 하여 토련(土蓮)이라고도 한다. 토란을 준비하여 다시마, 쇠고기를 섞어 맑은장국을 끓인다.

(5) 동 지

동지를 작은 설이라 부르며 동지팥죽을 쑤어 먹어야 나이를 한 살 더 먹는다는 풍습이 있다. 동지 팥죽에는 반드시 찹쌀 새알심을 먹는 사람의 나이 수대로 넣어 먹는다.

• 팥 죽

동지 팥죽은 먼저 사당에 놓아 차례를 지낸 다음 방, 마루, 광 등에 한 그릇씩 떠다 놓고, 대문이나 벽에다 팥죽을 뿌린 다음에 먹는다. 붉은 팥이 액을 막고 잡귀를 없애 준다는 데서 유래한 것이다.

6) 우리의 식사예절-이것만은 지켜보자

① 웃어른을 모시고 식사할 때, 아랫사람은 웃어른이 수저를 드신 다음에 음식을 먹기 시작한다.

② 여럿이 함께 먹을 때는 다른 사람들과 먹는 속도를 맞춘다.
웃어른과 함께 먹을 때에는 웃어른이 수저를 내려 두신 다음에 따라서 내려 놓도록 한다.

③ 숟가락과 젓가락을 한 손에 들지 않으며, 젓가락을 사용할 때에는 숟가락은 상위에 놓는다. 숟가락이나 젓가락을 그릇에 걸치거나 얹어 놓지 말고 밥그릇이나 국그릇을 들고 먹지 않는다.

④ 음식을 먹을 때는 음식 타박을 하거나 먹을 때에 소리를 내지 말고, 수저가 그릇에 부딪혀 소리가 나지 않도록 한다.

⑤ 수저로 반찬이나 밥을 뒤적거리거나 헤치지 않고, 먹지 않는 것을 골라내거나 양념을 떨어내고 먹지 않는다.

⑥ 음식을 다 먹은 후에는 수저를 처음 위치에 가지런히 놓는다.

⑦ 이쑤시개를 사용할 때에는 한 손으로 가리고, 사용한 후 남에게 보이지 않게 처리한다.

2. 눈으로 즐기는 일본음식

1) 일본음식의 특징

일본은 섬나라이기 때문에 생선이 풍부하고 100여 년 전까지 육류섭취를 기피하여 왔기 때문에 생선, 버섯, 채소, 콩 중심의 독특한 음식문화가 정착되었다.

① 주식과 부식이 구분되어 있고, 주식은 쌀밥이다.
② 콩(대두)제품을 많이 사용하는데, 두부, 유부, 미소, 간장, 나토 등을 많이 활용한다.
③ 계절적인 요리를 매우 중요시하여 계절식품 또는 음식의 맛이 좋아지는 것을 재료로 쓴다.
④ 재료의 자연 그대로의 형태와 맛을 살려서 조리한다. 따라서 조미료를 진하게 쓰지는 않는다.
⑤ 식기는 기본적으로 1인분씩 따로 쓴다. 음식의 종류나 계절에 따라 도자기, 칠기, 죽 제품, 유리 제품 등을 조화시킴으로써 음식의 공간적 아름다움을 살리고 있다.
⑥ 음식을 젓가락만을 사용하여 먹는다.
⑦ 상차림은 조리법이 서로 다른 음식으로 구성된다. 맑은 국, 날것, 구이 및 조림으로 이루어진 일즙삼채(一汁三菜)가 일반적인 상차림이다.
⑧ 식단을 짤 때 생선회, 구이, 찜 등 조리법을 먼저 정한 다음 재료나 세부적인 조리법을 선택한다.

일본요리의 기본 조미료와 주요 재료

일본요리의 기본 양념은 '사시스세소'라고 한다. 사(사또우 : 설탕), 시(시오 : 소금), 스(초 : 식초), 세(사께 : 청주), 소(쇼유 : 간장) 외에 미소(일본된장), 미림(조미술), 다시마, 가쯔오부시(가다랭이 말린 것), 멸치, 곤약, 와사비(고추냉이) 등이 일본요리의 맛을 내기 위한 주요 재료들이다.

2) 지역별 음식 특징

교통수단의 발달과 요리 기술의 교류로 지역적인 특성이 차츰 엷어지고 있지만, 지역적으로 다른 식품재료와 기후 때문에 크게 관동과 관서 지방으로 나누어 음식 특성을 비교한다. 관동지방 음식은 맛깔나는 음식으로 유명하며, 설탕과 진한 간장을 써서 대체로 음식의 맛이 진하고 짭짤하며 국물이 거의 없다. 관서지방은 전통적인 일본음식으로 유명하며, 맛은 연하면서 국물이 많고 재료의 색과 형태를 최대로 살린다.

3) 일본을 느끼게 하는 음식

스시(초밥), 돈부리(덮밥), 사시미(생선회), 우동, 소바(메밀국수), 미소시루(된장국), 야키모노(구이), 아게모노(튀김), 나베모노(냄비요리) 등이 대표적인 일본음식이다. 우리 식생활에 가까이 있는 몇 가지 음식을 알아보기로 한다.

(1) 스시(초밥)

일본에서 주식으로 먹는 음식이다. 스시는 초밥을 뜻하는데 일본에서 가장 오랜 전통을 가지고 있는 스시는 후나즈시(붕어 초밥)이다. 붕어를 5월 초순경에 잡아서 모양이 손상되지 않게 입으로 내장을 꺼내고 잘 씻어서 소금으로 절이고 눌림돌로 눌러 1개월 정도 두었다가 밥과 함께 먹었다는데, 이것이 스시의 발전에 큰 영향을 미쳤다. 스시(초밥)에는 니기리즈시(생선초밥), 마끼즈시(김초밥), 이나리즈시(유부초밥), 지라시즈시(비빔초밥 = 회덮밥), 하꼬즈시(상자초밥) 등이 있다.

가이세키(회석, 會席)요리

현재 일본요리의 주류가 되고 있는 코스 요리이며 보통 7품으로 이루어진다. 음식을 내는 순서는 전채–맑은국–생선회–구이–조림–초회(여름에는 찜, 겨울에는 튀김)–밥이나 면류이다.

사계절의 맛과 일본 각 지방의 특색을 담아낸다. 봄에는 초록빛, 여름에는 시원함, 가을에는 다양함, 겨울에는 따뜻함을 강조하는 음식을 만들어 내며 특별히 메뉴를 정하지는 않는다. 형식보다는 보기에 아름답고, 냄새를 맡아서 향기롭고, 먹어서 맛있는 것을 전제로 한다. 현재 일본의 음식점, 호텔 등에서 이용되는 요리는 대부분 가이세키(會席) 요리이다.

(2) 돈부리(덮밥)

밥 위에 각종 수조육류, 어패류, 채소류를 요리해서 얹고 짙은 소스를 얹어서 먹는 주식용 일품요리이다.

• 큐돈(쇠고기 덮밥)

쇠고기 덮밥은 돈부리(덮밥) 중 가장 유명한 것으로 값이 싸면서도 맛이 있어 평민의 주요한 음식이었다. 메이지 10년부터 시작해서 지금까지 널리 퍼져 있으며 전문점도 많이 산재해 있다.

생선초밥 맛있게 먹는 법

초밥을 먹기 전에 종지에 간장을 조금 부어 자기 앞쪽에 놓는다.

젓가락으로 초밥을 집을 때는 초밥의 옆을 집어야 간장을 묻힐 때 밥알이 잘 떨어지지 않는다. 초밥에는 이미 간이 되어 있기 때문에 간장은 생선 쪽에 묻혀서 먹는다. 생선초밥을 한 가지 먹은 다음에 초절임 생강을 한 조각 먹으면, 입안이 개운해지면서 생선마다 독특한 맛을 제대로 음미할 수 있다. 생선초밥은 담백한 흰살 생선초밥부터 먹기 시작하고, 그 다음 맛이 강한 등 푸른 생선이나 참치 뱃살 초밥, 익힌 생선 초밥 순서로 먹어야 맛있게 즐길 수 있다.

그림 9-5 일본의 음식

(3) 야키모노(구이)

야키모노는 구이요리인데, 고기, 생선, 채소를 모두 이용하며 재료의 원래 모양을 잘 살리기 위해 꼬치에 굽는 경우가 많다.

수야키(아무 것도 바르지 않은 구이), 시오야키(소금구이), 데리야키(간장양념구이) 등이 대표적인 야키모노이다.

(4) 나베모노(냄비요리)

겨울철의 주요 요리이다. 냄비요리는 간단하게 끓이면서 먹는 방법이 많으므로 재료가 우선 신선해야 하며, 딱딱한 것은 데쳐서 쓰기도 한다. 대구탕, 오뎅, 스키야키, 샤브샤브 등이 있다.

4) 일본음식을 먹을 때 주의할 점

일본은 식사예절이 어느 나라보다도 엄격하고 복잡하다. 숟가락을 사용하지 않고 젓가락만으로 식사를 하게 되며, 그리고 식사하기 전에 반드시 잘 먹겠다는 인사를 하고 젓가락을 들어야 한다. 또 식사 전반에 걸쳐 자세를 바르게 하고 음식 먹는 소리가 나지 않도록 해야 하는데, 우리와 다른 식사예절을 구체적으로 정리해 보면 다음과 같다.

① 밥그릇, 국그릇, 조림그릇의 순서로 뚜껑을 연다. 상의 왼쪽에 있는 것은 왼손으로 뚜껑을 쥐고 오른손을 대어 물기가 떨어지지 않게 뒤집어 상 왼쪽에 놓는다. 같은 쪽에 뚜껑이 둘 있을 경우 큰 것을 밑에 놓고 작은 것은 그 위에 겹쳐 놓는다.

② 양손으로 밥공기를 들어 왼손 위에 올려놓고, 그대로 오른손으로 젓가락을 위에서 집어 왼손 가운데 손가락 사이에 끼운다. 오른손으로 젓가락을 잡고 끝을 국에 넣어 조금 축인 뒤 밥을 한 입 먹는다.

③ 젓가락을 상의 제자리에 놓고 두 손으로 밥그릇을 내려놓는다.

④ 국그릇을 두 손으로 들어 올린 다음 ②에서와 같이 젓가락을 잡고 건더기를 먹는다. 젓가락으로 건더기를 누르고 국물을 한 모금 마신 뒤 국그릇을 내려

놓는다.

⑤ 조림은 그릇째로 들어서 먹어도 좋고, 국물이 없는 것은 뚜껑에 덜어서 먹는다.

3. 맛과 향이 풍부한 중국음식

1) 중국음식의 특징

중국은 국토가 광활하여 각 지방마다 자연적 · 사회적 환경에 차이가 매우 크다. 따라서 음식문화를 포괄적으로 설명한다는 것은 쉬운 일이 아니지만, 중국음식의 몇 가지 공통된 특성을 살펴보면 다음과 같다.

① 재료의 선택이 매우 자유롭고 광범위한데, 특히 중국음식에는 거의 모든 일반적인 식품이 재료로 이용된다.

② 맛이 다양하고 풍부하여 간(단맛), 셴(짠맛), 쏸(신맛), 신(매운맛), 쿠(쓴맛)의 다섯 가지 맛을 복잡 미묘하게 배합하여 다양한 맛을 창출한다.

③ 조리기구가 간단하고 사용이 용이하다. 훠궈(중국 냄비), 사궈(볶음, 튀김 냄비), 러우사오(그물 조리), 정룽(찜통) 외에 식칼, 뒤집게, 국자 등이 조리기구의 전부이다.

④ 익혀 먹는 숙식(熟食)을 기본으로 한다. 음식의 재료를 미리 손질해 놓고 짧은 시간 안에 익힌다.

⑤ 조리법이 다양하다. 츄이(오래 끓여 조리는 법), 차오(기름에 볶는 법), 자(기름에 튀기는 법), 젠(팬에 약간 기름을 넣고 지져 내는 법), 루(여러 가지 향신료를 넣어 삶는 법), 카오(직화로 굽는 법), 둔(주재료에 액체를 부어 쪄내는 법), 류(튀긴 다음 달콤한 녹말소스를 얹어 만드는 법), 쉰(훈제하는 법), 정(쪄내는 법)등 여러 가지 조리법이 있다.

⑥ 기름을 사용하여 조리한다. 고온에서 짧은 시간에 음식을 만들 수 있어서 재료의 고유한 맛이 유지되고 영양소의 손실도 최소화할 수 있다.

⑦ 향신료와 조미료의 향을 잘 활용한다. 마늘, 생강, 고추, 파, 양파, 팔각, 굴소스, 두반장 등의 향을 충분히 이용하기 때문에 중국음식의 독특한 맛과 향이

결정된다.

⑧ 녹말물을 사용하여 조리하는 음식이 많다.

⑨ 시각적으로 외관이 풍요롭고 화려한데, 한 가지 음식에 채소, 해산물, 육류 등을 모두 사용한다.

2) 지역별 음식 특징

(1) 북경지역 음식(베이징음식)

중국 북부지역을 대표하는 음식으로 청나라 때의 궁중요리가 기본이 되어 가장 사치스럽다. 강한 화력을 써서 짧은 시간 안에 기름에 튀겨내는 산동식 조리법의 영향으로 음식이 대체로 바삭바삭한 느낌이 있다. 음식은 신선하고 부드럽고 담백한 맛이 특징이다. 면류(麵類), 만두(饅頭), 빙(餠, 떡) 등 가루 음식과 쇠고기와 돼지고기의 내장, 양고기, 오리고기, 어패류 등을 이용한 튀김과 볶음요리가 발달하였다.

- 대표음식: 오리구이, 해삼조림

(2) 광동지역 음식

중국 남부를 대표하는 음식으로 전 세계 차이나타운에서 맛볼 수 있어 세계적으로 가장 유명하다. 외국과의 교류가 빈번했던 지역이어서 서양의 음식재료와 요리법이 결합된 독특한 특성이 있다. 풍부한 식재료를 사용하며, 특히 뱀, 쥐, 개, 원숭이 등을 이용한 요리가 유명하다. 음식이 부드럽고 담백하고 달착지근한 맛이 있고

북경 오리구이

특별한 사육법으로 크게 키운 오리의 몸 표면에 엿을 발라서 햇볕에 쪼인 다음 화덕에서 표면이 다갈색이 될 때까지 굽는다. 먹을 때에는 벗겨 낸 껍질을 만두피처럼 얇게 민 떡에 채 친 파와 양념을 함께 싸서 먹는다. 파삭파삭한 껍질이 특히 유명하다.

기름지지만 느끼하지 않다. 음식의 색채와 장식에 중점을 두고 산뜻한 생것의 맛에 가까운 맛을 지닌다.

• 대표음식: 탕수육, 팔보채, 상어지느러미요리, 구운 돼지고기

(3) 상해지역 음식

중부지방의 대표적인 음식으로 지방 특산물인 장유(醬油)를 써서 만드는 것이 특징이다. 중부지역은 농산물과 해산물이 풍부하여 다양한 요리를 발달시켰다. 간장이나 설탕으로 달콤하게 맛을 내는 찜이나 조림요리가 발달하였고, 기름기 많고 맛이 진하고 양이 푸짐한 것이 특징이다. 모양보다 깊은 맛에 중점을 두므로 화려한 장식은 거의 하지 않는다.

돼지고기에 진간장을 써서 만드는 요리와 한 마리의 생선으로 머리에서 꼬리까지 조리법과 양념을 달리해서 맛을 내는 생선요리가 일품이다.

• 대표음식: 게볶음, 생선찜

(4) 사천지역 음식

서부 산악지대를 대표하는 음식으로, 식재료가 다양하지 않기 때문에 향신료를

중국 만두(교자)에 얽힌 이야기

중국의 북쪽 지역에서는 춘절(설날)에, 남쪽 지역에서는 6월 6일에 만두를 먹고 있다. 중국 만두의 명칭인 교자의 한자표기에 대해서는 몇 가지 설이 전해진다. 교자(交子)라고 표기하는 경우 교자의 의미는 지난해와 새로운 해가 서로 교대된다는 의미로 교자(交子)는 제석(除夕, 섣달 그믐날)과 춘절에 반드시 먹어야 하는 음식임을 뜻한다. 현재는 교자(餃子)로 표기하는데, 교자(餃子)의 모양이 중국의 옛날 돈(동전)과 비슷한 형상을 하고 있어서 신년에 만두를 먹으면 재운과 복이 온다는 뜻을 담고 있다고 한다. 지금도 중국에서는 신년에 먹는 만두 속에는 여러 가지 좋은 뜻을 지닌 재료를 넣는다. 동전은 재운, 사탕은 달콤한 생활, 대추는 많은 자식, 땅콩은 득남, 찹쌀떡은 승진, 국수는 장수를 의미하는데 동전은 물론 먹지 않는다.

많이 쓴 음식이 발달했다. 중국인이 가장 좋아하는 중국음식은 사천요리라고 하는데, 마늘, 파, 매운 고추, 생강 등의 향신료를 사용하는 요리가 많다. 맵고 짜지만 느끼하지는 않아 우리의 입맛에도 가장 잘 맞는다. 채소와 육류를 이용하여 볶음이나 찜을 한 음식이 많다.

• 대표음식: 마파두부, 삼선 누룽지탕, 삼겹살채소볶음

3) 중국음식의 상차림 원칙

일반적으로 회전이 가능한 원탁에 음식을 차려 판을 돌려 가며 먹고, 상차림을 계획할 때 반드시 다음과 같은 점에 유의한다.

① 중국요리의 가짓수는 식탁에 앉을 인원수에 의해 결정된다. 요리의 가짓수는 인원수만큼 내거나 그보다 한 가지 정도 많은 것이 통례이며, 가능하면 요리의 가짓수는 짝수로 한다.
② 진한 요리에서 담백한 맛을 내는 요리로 이어지도록 한다.
③ 색채상으로도 진한 색에서 연한 색, 재료상으로는 바다 산물에서 육지 산물로 이어지는 것이 상식이다.
④ 조리방법의 중복을 피하여 볶음, 튀김, 찜 등 다양하게 준비한다.
⑤ 재료와 부재료는 생선, 육류(쇠고기, 돼지고기), 채소, 두부, 면 등이 골고루 들어가도록 한다.
⑥ 단맛, 신맛, 쓴맛, 매운맛, 짠맛의 요리가 골고루 들어가도록 한다.

4) 중국음식을 먹을 때 주의할 점

① 보통 중국의 식탁에서는 다정함을 나타내는 뜻에서 덜어 먹는 젓가락을 내놓지 않는 풍습이 있다. 이때 자기 젓가락으로 요리를 집어먹게 되므로 젓가락을 항상 깨끗하게 사용한다.
② 음식은 다른 사람을 고려하여 먹을 만큼만 덜어낸다.
③ 혐오감을 줄 수 있는 재료로 만든 독특한 요리나 구미에 맞지 않는 싫은 요리는 무리하게 손대지 말고 그대로 둔다.

④ 주인이 먼저 음식을 먹기 시작한 뒤에 손님이 음식을 먹는다.
⑤ 사용한 수저는 엎어둔다.
⑥ 밥이나 국을 젓가락으로 먹을 때는 반드시 그릇을 손으로 들어서 입에 대고 먹는다.

4. 자극적인 맛의 태국음식

태국은 중국, 인도, 포르투갈로부터 영향을 받아 국제적인 독특한 음식문화를 발달시켰다.

1) 태국음식의 특징

풍부한 해산물, 열대과일 그리고 향신료로 만들어진 자극적이고 화려한 맛으로 세계인의 사랑을 받는 태국음식은 다음과 같은 특징이 있다.

① 음식 자체는 짜거나 맵지 않고, 함께 나오는 양념이나 소스가 아주 맵거나 짜다.
② 요리의 주재료가 되는 육류나 채소도 중복되지 않도록 한다.
③ 영양적인 면뿐만 아니라 시각적인 면도 중요하게 여긴다.
④ 음식에 향기가 있으며, 단맛, 신맛, 톡 쏘는 매운맛이 있다.
⑤ 코코넛 밀크와 남플라(nampla, 생선간장) 같은 조미료, 마늘, 생강 잎, 칠리가루, 라임, 박하 등의 향신료를 많이 사용한다.

2) 지역별 음식

태국음식은 기본적인 맛은 비슷하지만 지리적으로 인도와 중국의 영향을 많이 받았기 때문에 네 개의 음식 문화권으로 나뉜다.

북부지역은 치앙마이가 중심이며 태국의 전통적인 맛이 그대로 보전되어 있다. 찹쌀이 주식이며, 점성이 강한 쪄낸 밥을 좋아한다. 소금을 많이 사용하며, 대부분의 음식이 습식이다. 북동부는 찹쌀이 주식이고 코코넛 밀크를 거의 사용하지 않고

그림 9-6 카오팟(볶음밥)

민물고기로 담근 젓갈을 조미료로 사용한다. 중앙지역은 방콕이 중심이며 멥쌀이 주식이고, 코코넛 밀크, 고추, 박하를 사용한 걸쭉한 요리가 많다. 매운맛을 내기 위해 칠리와 고수(coriander)를 많이 사용하고, 많은 요리에 코코넛유를 사용해서 단맛을 내고, 라임으로 신맛을 낸다. 조미료로 남플라를 많이 사용한다.

남부지역은 말레이시아 요리의 영향을 많이 받았고, 향신료를 많이 사용하기 때문에 인도 요리에도 가깝다.

그림 9-7 태국에서 사용되는 소스들

3) 태국을 느끼게 하는 음식

태국음식은 카오(쌀), 팟(볶음), 얌(샐러드), 캥(걸죽한 국), 톰(찌개) 등의 이름을 알아두면 구별하기가 쉽다. 대표적인 음식으로는 카오팟(볶음밥), 톰얌, 팟타이(볶음국수), 카이야사이, 파삼넛(도미튀김), 솜땀 등이 있다.

(1) 톰얌(tom yum)

잘게 썬 새우, 생선, 닭고기 등에 레몬, 칠리 소스, 고추, 생강 등 각종 향신료를 넣고 5~6시간 끓인 걸죽한 수프이다. 톰얌쿵(새우수프)과 톰얌카(닭수프)가 유명하다.

(2) 카이야사이

다진 과일과 고기를 스펀지 같이 부드러운 달걀부침으로 덮어 소스를 뿌린 달콤한 음식으로 간식으로 좋다.

(3) 솜땀(som tam)

설익은 파파야 채 썬 것과 마른 새우, 고추, 땅콩가루 등을 같이 빻아 만든 샐러드로 동북부지방 음식이다.

태국의 캥(걸죽한 국)

볶음 음식과 '캥'이 저녁 음식 중 가장 특별한 음식이다. 대부분의 캥은 각종 향신료와 코코넛 크림이 사용되고 작은 화강암 돌절구에 넣고 찧어 조리한다. 사용되는 향신료의 종류와 양에 따라, 이것을 찧는 강도와 횟수에 따라 맛이 달라진다. 따라서 태국의 가정에는 돌절구와 코코넛 살을 긁어내는 기구(끄라따이)가 필수품이다.

4) 태국 식사방법의 특징

원래는 손으로 식사를 하는데, 음식에 따라 도구를 사용하기도 한다.

국물이 있는 국수는 젓가락과 숟가락을, 튀긴 국수는 포크와 스푼을, 생선을 사용한 음식과 밥은 숟가락과 포크를 사용하기도 한다.

5. 새롭게 다가온 베트남음식

1) 베트남음식의 특징

최근 국내에 베트남음식점이 등장하면서 접할 기회가 많아진 베트남음식은 다음과 같은 특징이 있다.

① 주식과 부식의 구별이 뚜렷하다.
② 쌀이 주식이며, 쌀국수나 반짱(rice paper)을 이용한 음식이 있다.
③ 채소를 많이 이용한다.
④ 느억맘(nuoc mam, 생선간장)을 매우 중요한 양념으로 사용한다.
⑤ 특유의 향을 지닌 고수(coriander)를 생것으로 사용한다.
⑥ 중국음식과 비슷한 것이 많지만, 중국음식보다 기름지지 않다.
⑦ 사용되는 향신료가 태국음식과 비슷하지만, 태국음식보다 덜 맵다.

2) 베트남의 대표적 음식

베트남의 쌀은 끈기가 없어서 쌀국수나 반짱으로 가공해서 음식을 만들어 먹는다. 라우제, 퍼(pho, 쌀국수), 고이쿠온(goi cuon, 쌈요리), 짜조(cha gio, 만두튀김), 차오톰(chao tom, 새우구이) 등이 대표적인 음식이다.

(1) 퍼(pho, 쌀국수)

퍼는 맵고 새콤한 맛의 쌀국수로 베트남 북부 지역의 음식이다. 소뼈를 종일 고아

그림 9-8 여러 가지 베트남 음식

낸 국물에 쇠고기를 듬뿍 넣은 퍼보(pho bo)와 닭 삶은 국물에 닭 가슴살이 들어있는 퍼가(pho ga) 등이 있다.

(2) 고이쿠온(goi cuon, 쌈요리)

고이쿠온은 베트남에서 아침식사로 즐기는 음식이다. 뜨거운 물에 적신 반짱에 채썬 생채소, 익힌 해물이나 고기 등을 말아 매콤한 느억맘에 찍어 먹는 음식이다.

(3) 짜조(cha gio, 만두 튀김)

고기, 해물, 버섯 등을 반짱에 싸서 기름에 튀긴 음식이다. 바삭바삭하게 튀겨진 것을 쌈채소로 싸서 매콤하게 만든 느억맘에 찍어서 먹는다.

3) 베트남음식을 먹을 때 주의할 점

① 밥을 먹기 전에 상 위의 종이로 수저를 닦고 나서 먹기 시작한다.
② 쌀국수를 먹을 때 젓가락과 숟가락을 모두 사용해서 먹는다.

③ 국수그릇을 들어 올리거나 그릇에 입을 대고 국물을 마시지 않는다.

베트남 쌀국수 맛있게 먹는 법

먼저 생숙주와 채 썬 양파, 고추 등을 쌀국수의 뜨거운 국물에 넣어 살짝 익힌다. 다음에 숟가락으로 국물의 향을 음미하고 매운 것을 좋아한다면 칠리 소스를 첨가해 먹으면 된다. 고기와 해산물은 갈색의 호이신 소스(해선장)에 찍어 먹으면 베트남 쌀국수를 제대로 즐길 수 있다.

6. 커리향이 가득한 인도음식

1) 인도 음식문화의 특징

인도는 다인종의 나라일 뿐만 아니라 중동 및 서양문화의 영향을 받아서 음식도 지역과 종교에 따라 매우 다양하다. 최하층 천민과 기독교도 등은 쇠고기를 먹는다. 그러나 대부분의 힌두교도들과 이슬람교도들은 서로의 종교적인 정서를 존중하여 돼지고기와 쇠고기를 기피한다. 인도인들은 채식위주의 식생활을 하기 때문에 곡류와 콩을 많이 먹고 동물성 식품으로는 유제품과 닭고기를 많이 이용한다.

2) 지역의 음식 특성

남부 인도는 쌀을 주식으로 이용하고 바나나 잎을 식기로 사용한다. 힌두교도들이 많기 때문에 쇠고기를 잘 이용하지 않는다. 음식에 향신료를 강하게 사용하는데 특히 칠리(chili : 고추의 일종), 코코넛 밀크와 크림을 많이 사용한다. 북부 인도는 빵을 주식으로 이용하고 금속제 그릇을 사용한다. 기이(ghee, 액체 버터)와 요구르트를 많이 사용하며, 외부 식문화의 영향을 받아 음식을 약하게 조미한다.

3) 인도의 대표적 음식

인도에는 채식위주의 음식과 양고기나 닭고기를 이용한 음식이 있는데, 각종 볶음밥, 각종 빵, 각종 커리, 닭구이, 달(콩수프), 사모사(세모모양 만두튀김) 등이 대표적인 음식이다.

(1) 볶음밥

- 풀라우(pulau 또는 pulao) : 향신료를 알맞게 섞어서 지은 밥으로, 우리의 볶음밥과 비슷하다.
- 비리야니(biriyani) : 향신료나 견과류를 사용한 고급 요리이다. 채소만 이용한 것도 있지만 양고기 비리야니나 닭고기 비리야니가 일반적이다.

(2) 빵

북부 인도에서는 생 빵이나 발효시킨 빵이 주식이다. 인도의 빵은 여러 가지가 있어 로티(roti)로 총칭된다.

- 난(nan) : 정제한 하얀 밀가루(마이다)로 구운 빵인데, 발효시켜 만든 것이어서 조금 부풀어 있다.
- 차파티(chapati) : 밀기울이 든 밀가루(아타)를 물로 개어 얇게 만들어 잘 구운 빵으로 발효가 안 된 것이다. 갓 구운 것이 맛있고 담백해서 물리지도 않는다.

난

차파티

그림 9-9 인도의 빵

이것과 달(dhal, 콩수프)만 있으면 그것만으로도 훌륭한 식사가 된다.

- 파라타(paratha) : 기이(액체 버터)를 발라서 토막내어 구운 것으로 값이 조금 비싸다.
- 푸리(puri) : 반죽을 기름에 튀겨서 부풀린 것으로 인도식 스낵이다.

(3) 커리(curry)

카레라이스는 인도 요리에서 유래된 것이지만, 영국화한 다음 우리나라에 수입되어 다시 우리나라화한 것으로 인도 고유의 커리와는 다르다. 인도에서 커리를 만들 때에는 고기(양고기나 닭고기)와 채소 중에 한 가지만을 사용하는 것이 보통이다. 반찬으로 해서 밥이나 로티(인도빵의 총칭)를 먹는다.

- 양고기(닭고기) 커리 : 고기(양고기, 닭고기)를 향신료로 삶은 정통적인 커리. 그 밖의 이름은 향신료의 사용법이나 요리법에 따른 차이만 있을 뿐 기본적으로는 커리의 범주에 들어간다.

(4) 탄두리 치킨(tandoori chicken)

요구르트에 절인 닭을 여러 가지 향신료를 넣어 인도식 오븐인 탄두르(tandoor, 진흙화덕)에 넣고 잘 구운 닭구이이다. 불이 잘 통하게 해서 향신료를 닭고기 속까지 배어들게 하였으므로 아주 향기롭다.

그림 9-10 달(dhal, 콩스프)

(5) 달(dhal, 콩수프)

부드럽게 삶은 콩(lentils)에 마살라(혼합 향신료)를 가미한 수프이다. 콩에는 큰 것과 작은 것, 황색과 검은빛이 도는 것 등 여러 종류가 있는데, 콩의 종류에 따라 맛과 모양이 다르다. 밥이나 차파티에 이 달을 섞어서 먹는 것이 식사의 기본으로 우리나라의 된장국과 비슷한 대중음식이다.

인도의 탈리(thali)

탈리는 원래 큰 접시를 의미하는데, 인도의 음식문화를 상징적으로 나타내는 인도의 정식요리이다. 금속 재질의 오목하게 생긴 쟁반이나 둥글고 큰 접시에 쌀밥이나 차파티, 달(dhal), 커리 종류, 김치의 일종인 아차르(achar), 요구르트인 다히(dhai) 등을 수북히 담아 낸다.

4) 인도식 식사방법

① 식사 때 낮은 걸상을 사용하거나 바닥에 앉는다.

② 좌석배치에 규칙이 있다.

- 오른쪽에 주인이, 왼쪽으로 가면서 연령 순서로 앉는다.
- 노인과 소년, 소녀는 조금 떨어져 앉는다.
- 성인 여자는 남자와 함께 식사할 수 없고, 남자의 시중을 든다.

③ 오른손으로 식사를 한다.

식사 전에 반드시 물로 양손을 씻는다. 보통 손가락으로 집어먹지만, 음식이 뜨거운 경우에는 나무 스푼을 사용하기도 한다.

④ 물을 마실 때 컵을 입에 대지 않고 물을 입 안에 부어 넣는다.

⑤ 식사 후 물로 양치한 후 물을 뱉어 버린다.

⑦ 식사 중에 이야기하는 것을 무례하다고 여기므로 식사가 끝나면 손을 씻고 양치한 후에 이야기를 시작한다.

⑦ 남은 음식은 천민이나, 보통 개, 새에게 던져 주고 치워 버린다.

연습문제

1 우리나라 음식의 특징을 간단히 설명해 보자.

2 김치를 이용한 새로운 퓨전 음식을 개발해 보자.

3 우리나라의 지역 음식의 특징을 간단히 설명하고, 대표음식을 3가지씩 언급해 보자.

4 일본, 태국, 베트남, 인도의 쌀을 이용한 음식의 특징을 비교하여 설명해보자.

5 일본음식과 중국음식의 특징을 비교하여 설명해보자.

6 태국음식에 사용되는 조미료와 향신료를 더 조사해 보자.

인터넷사이트

1 http://www.hellocook.com/food/kimchi (우리 김치 백 가지와 제조법)
2 http://www.hellocook.com/food/pebaeg (폐백과 이바지 음식소개)
3 http://www.foodinkorea.co.kr/food/tradition (향토음식과 한국전통음식 정보)
4 http://www.food.co.kr (궁중음식문화연구원의 한국 전통음식정보)
5 http://www2.rda.go.kr/food (향토음식)
6 http://www/hellocook.com/food/twocolor (지구촌 이색별미)
7 http://www.kfr.or.kr (한국전통음식연구소)
8 http://www.welcometojapan.or.kr (일본관광청 음식정보)
9 http://www.cnto.or.kr (중국관광청 한국지국 음식정보)
10 http://www.visitthailand.or.kr (태국관광청 음식정보)
11 http://www.incredibleindia.co.kr (인도정부관광청 지역별 음식문화)

CHAPTER 10

서양의 음식

한 사회의 식생활을 이해하기 위해서는 그 사회의 기반이 되고 있는 사회, 문화, 심리, 생리를 전반적으로 연구하고 이 모든 여건들이 그 사회의 식생활에 어떠한 영향을 주었는지를 종합적으로 판단해야 한다. 서양의 식생활을 소개하자면 그 근간이 된 유럽과 그로부터 파생된 북미주의 음식에 대해 언급되어야 함은 물론 유럽의 여러 나라가 이전에 식민지로 통치하던 중동과 아프리카, 아시아의 식문화에 영향을 받아오고 있는 점을 감안하여 이들의 음식에 대해서도 함께 살펴보아야 한다.

유럽은 크게 나누어 남쪽의 라틴계와 북쪽의 게르만계로 나뉘지만 오랜 역사를 바탕으로 경제적으로 부흥했고 다른 지방으로의 진출이 활발하여 타문화의 영향을 많이 받아들이게 되어 현대의 유럽에서는 다양한 식문화가 번성하고 있다. 여러 나라의 음식이 이렇게 오랜 역사를 가진 지역에서 뿌리내릴 수 있었던 것은 프랑스와 이탈리아를 중심으로 한 라틴계 민족의 입맛이 수용적이었기 때문이다. 이들은 마늘과 고추를 비롯한 많은 향신료를 음식에 사용해 왔고 발효된 식품의 맛을 알고 발전시켜 왔다.

유럽은 최근 들어 정치적으로 거의 거대한 한 나라처럼 연합을 이루어가고 있으나 문화적으로는 차이가 많은데, 이는 각 민족의 성격이 북부에서 남부로 내려옴에 따라 뚜렷이 달라지기 때문이다. 독일, 스위스를 비롯한 북쪽의 사람들은 순박하기는 하지만 무뚝뚝하고 보수적이다. 식생활보다는 주생활쪽에 더 치중하며 근면하고 절제된 생활을 하는 국민들로서 음식문화가 다양하게 발달되지는 않았다. 남유럽의 사람들은 자유분방하고 매우 수용적인 민족이며, 예로부터 지역적으로 바다와 육로를 통하여 중동이나 동양과도 많은 교류가 있었으므로 여러 문화에 대해 일찍부터 눈을 뜨게 되고 식생활에서도 동양이나 중동의 영향을 많이 받아왔다.

1. 서양음식의 원조, 이탈리아음식

1) 반도 국가, 이탈리아

이탈리아는 긴 반도 국가로서 남쪽과 북쪽 지방의 지형과 산물이 다르고 이에 따라 음식에서도 지방색이 나타난다.

- 북부 : 알프스의 산과 지중해가 있어 식재료가 풍부하고 낙농제품이 많이 생산되어 음식에 크림소스와 버터를 많이 사용하며, 쌀로 만든 음식이 다양하고 질 좋은 포도주가 생산된다.
- 남부 : 밀가루를 이용한 파스타가 발달하였으며 올리브와 토마토가 많이 생산되어 토마토와 올리브기름을 이용하는 요리가 많고 해물을 이용한 요리도 잘 발달되어 있다.

2) 모양과 색이 다양한 파스타

파스타는 계란을 넣은 밀가루 반죽으로 쫄깃한 질감이 무척 강하고 삶아 놓아도 잘 불지 않는 밀가루 음식이다. 파스타 반죽을 길게 국수가닥처럼 뽑은 긴 스파게티 국수 외에 긴 리본 모양의 탈리아텔레, 가운데가 비어 튜브형을 이룬 마카로니, 튜브형 파스타를 어슷하게 썬 펜네와 짧은 파스타를 여러 가지로 모양낸 것 등 다양하다. 모두 소스를 묻혀서 먹는 것이므로 어떤 모양이 소스가 더 잘 묻느냐 하는 것이 품질을 반영하기도 하며 주로 남부의 이탈리아에서 발달하였다.

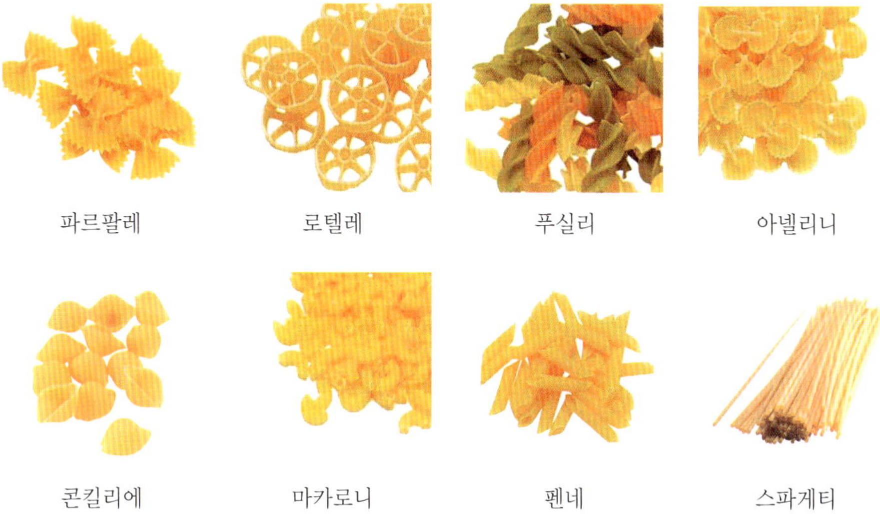

그림 10-1 파스타의 종류

(1) 파스타를 이용한 음식

* 스파게티와 파스타 소스

국수처럼 길게 만든 파스타로서 삶아서 각종 소스와 치즈와 함께 먹는다. 스파게티 소스는 다음과 같이 매우 다양하며 이 외에도 재료를 달리하여 여러 가지로 응용이 가능하다.

- 볼로냐 소스 : 주로 쇠고기와 토마토를 이용하여 만든다.
- 나폴리식 소스 : 토마토와 피망 등의 채소를 주로 사용한다.
- 카르보나라 소스 : 베이컨과 생크림을 이용하여 만든 하얀색의 소스이다.
- 아리오 에오리오 페페론치노 소스 : 마늘과 고추 올리브유만을 사용한 소스이다.
- 봉골레 소스 : 조개와 토마토를 주로 사용한다.
- 연어를 이용한 소스

이들 소스는 스파게티만이 아니라 짧은 파스타의 소스로도 이용된다. 짧은 파스타는 긴 파스타보다 소스를 더욱 듬뿍 묻혀 먹는데, 모양도 여러 가지이지만 파스타 반죽에 시금치나 당근, 달걀 노른자, 오징어 먹물 등을 넣어 색을 내기도 한다.

★ 라자냐

반죽을 넓게 민 판형의 파스타는 라자냐라는 요리에 쓰인다. 삶은 라자냐 파스타 사이에 화이트 소스와 토마토 소스를 켜켜로 얹고 맨 위에 모자렐라와 파마산 치즈를 듬뿍 얹어 오븐에서 구워내는 음식이다.

★ 라비올리

판형의 파스타 사이에 치즈와 간 고기 등을 조금씩 떼어서 일정한 간격으로 놓고 다시 판형의 파스타 한 장을 덮어서 소 사이사이를 눌러 붙이면 마치 만두가 서로 붙어 있는 형태가 된다. 이를 라비올리라 하며 역시 소스와 함께 먹는데 북부의 이탈리아에서 즐긴다.

3) 전 세계에서 사랑 받는 피자

우리나라의 곳곳에 국밥집이 있듯이 이탈리아에 가면 피쩨리아(pizzeria)가 있다. 피쩨리아의 안에 들어가면 시끌벅적한 소음 속에 화덕에서 열심히 피자를 구워내는 모습을 볼 수 있다. 벽돌로 쌓아올린 화덕은 오븐 역할을 하는데 이 속에 피자를 넓적한 스패출라로 넣어 굽는다.

피자는 토핑재료가 무엇이냐에 따라 이름이 달라질 뿐 기본구조는 동일하다. 이탈리아에서는 피자 반죽을 가능한 얇게 만들어 바삭하게 구워지게 하며 토핑도 미국식 피자처럼 기름지고 농후하지는 않고 심심할 정도로 단순하고 담백하다. 토핑재료는 무엇이든지 가능한데 토마토 소스와 치즈, 살라미(페퍼로니), 블랙 올리브, 앤초비(기름에 절인 멸치), 그리고 여러 가지 채소(가지, 피망, 블랙 올리브)나 해물(연어나 조개, 홍합 등) 등이 쓰인다. 커다란 반쪽의 피자 반죽 위에 홍합을 빼곡이 얹은 피자나 연어를 잔뜩 얹은 피자는 해안지방의 별미이다.

4) 쌀음식, 리조또

리조또란 이탈리아인들이 자랑하는 쌀요리이다. 농업이 발달한 북부 이탈리아에서는 밀과 쌀이 대량으로 생산되므로 우리나라에서는 잘 알려지지는 않았지만 쌀요리가 제법 있다. 대개 기름에 쌀과 야채 등을 넣어 볶다가 포도주로 향을 내고 닭육수를 넣어 익히는데, 많은 재료들이 어우러진 맛을 내므로 보기보다는 맛이 좋다.

그림 10-2 리조또

조리시 어려운 점은 서양인들은 우리나라에서와 같이 찰진 쌀밥은 좋아하지 않으므로 꼬들꼬들한 정도로만 익혀야 한다는 점이다.

5) 이탈리아의 치즈

이탈리아의 요리에는 유난히 치즈가 많이 이용되는데 유지방 성분이 많고 맛이 부드러워 요리에 쓰기 좋은 치즈가 많다. 스파게티 위에 뿌려 먹는 파마산 치즈, 그라탱, 피자나 라자냐의 토핑재료로 많이 쓰는 모짜렐라 치즈 등이 잘 알려져 있는 이탈리아 치즈이다.

6) 풍부한 해물로 만드는 튀김요리

지형이 좁고 길어 북부의 일부를 제외하고는 전 국토가 바다에 면해 있는 셈이므로 우리나라와 같이 해산물을 이용한 요리가 매우 발달되어 있다. 특히 오징어, 새우, 각종 조개류 등을 다양하게 이용한다. 피자나 스파게티, 볶음음식, 샐러드 등의 재료로 쓰일 뿐 아니라 각종 채소와 함께 식탁 위에 준비해 두고 튀김옷을 입혀 즉석에서 기름에 튀겨 먹고는 한다.

7) 지중해의 건강식, 올리브와 토마토

올리브는 절임으로 해서 먹기도 하지만 기름을 짜서 먹기도 한다. 다른 기름은 대부분 종자에서 짜내는 데 반하여 올리브유는 과육에서 직접 얻는다. 신선한 올리브 열매에서 짜낸 주스의 성분인 셈이다. 올리브유는 식탁 위에 두고 식초와 섞어 샐러드 드레싱을 즉석에서 만들어 먹는 데도 쓰이며 육류나 빵, 피자 위에 뿌려 먹기도 한다. 올리브유는 그대로 사용하기도 하지만 향신료가 많이 발달한 이탈리아에서는 향신료로 쓰이는 마른 풀이나 작고 매운 중동산 고추를 올리브유에 넣어 향유를 만들어 사용하기도 한다. 지중해인들의 음식에는 올리브와 함께 토마토도 많이 사용한다. 색과 모양이 다양한 토마토들이 생산되며 그 중에서도 소스류에 주로 쓰이는 토마토는 크기는 크지 않으나 속이 차 있고 육질이 치밀하여 색이 진한 소스를 만들 수 있다. 이러한 토마토들은 또한 말려서 향풀과 함께 올리브기름에 넣어 절였다가 요리에 이용한다.

8) 갖가지 향신료와 포도주로 만든 식초

우리나라 음식의 특색 중 하나가 양념을 많이 쓰는 것이긴 하지만 이탈리아의 향신료 역시 요리의 맛을 연출하는 한몫을 단단히 한다. 이탈리아요리의 상징적인 허브는 바질(basil)이다. 산뜻하고 달콤한 향기가 나며 신선한 잎을 그대로 쓴다. 허브의 향은 대개 강하므로 생선의 비린내나 육류의 누린내를 상쇄시키기 위하여 쓴다. 식초는 포도주를 발효시켜 만든 천연식초를 많이 쓰는데, 적포도주로 만든 식초와 백포도주로 만든 식초는 맛이 전혀 다르다. 사용방법은 포도주와 마찬가지로 백포도주 식초는 해물요리에, 적포도주 식초는 육류요리에 쓰인다. 우리가 흔히 쓰는 식초와는 달

그림 10-3 포도주로 만든 식초

리 포도주의 향이 강하게 남아 있으므로 맛을 익히는 과정이 필요하다. 이탈리아 북부의 한 지역에서만 만드는 식초가 발사믹 식초이다. 단맛이 강한 포도종자의 포도즙을 나무통에서 숙성시켜 만든 것으로 색이 암갈색으로 진하고 단맛과 신맛이 어우러진 맛을 내므로 식초보다는 소스에 가깝다고 볼 수 있다.

9) 진한 커피, 에스프레소

커피를 마시는 습성도 나라마다 차이가 있다. 일본이나 미국에서는 연한 커피를 머그컵으로 가득 따라 조금씩 마시는 것을 좋아하지만 유럽에서는 커피를 매우 진하게 우려 먹는다. 남쪽으로 내려올수록 커피의 농도가 진해져서 이탈리아에서는 주로 에스프레소를 마신다. 에스프레소란 진하게 볶은 커피를 갈아서 다량 넣고 끓는 물의 증기를 고압으로 만들어 추출하는 커피로서 1인분에 사용되는 커피량은 매우 많아도 추출되어 나오는 양은 일반 커피잔의 1/2도 채 안 된다. 여기에 대개는 설탕만 넣어 먹는다. 적은 양만을 먹게 되므로 아주 작게 잔이 따로 제작되어 나오며 갓 받아낸 에스프레소 커피의 표면에는 미세한 거품층이 생긴다. 에스프레소 커피는 추출하는 전용기계가 있어야 먹을 수 있는데, 예전에는 주전자와 같이 생긴 수동형이 있었으나 요즈음에는 전기를 이용하여 만든 기계가 가정용으로도 나온다. 대개 이 기계 옆에는 수증기를 따로 뿜어낼 수 있는 노즐이 있어서 이것을 열어 우유를 거품내 가며 뜨겁게 덮혀서 커피에 넣어 먹기도 하는데, 이것이 '카페오레' (café au lait)이다.

그림 10-4 에스프레소

2. 맛과 멋이 어우러진 프랑스음식

1) 천혜의 국토, 프랑스

프랑스는 유럽의 가장 노른자위 땅을 차지하고 있다. 전 국토의 2/3 이상이 완만한 평야와 낮은 구릉지대로 되어 있어 농업이 성하며, 육각형의 국토 중 삼면이 대서양, 지중해에 면해 있어 해산물의 이용이 원활하고 국토 중에 목초지가 많아 목축업이 성하다. 이렇게 천혜의 자연을 이루고 있어 농산물, 축산물, 수산물 모두가 풍부하므로 식재료를 다양하게 사용하면서 음식문화가 발달되었다.

이탈리아에서 시작한 프랑스 음식문화

이탈리아 메디치가의 왕녀가 시집을 오면서 이탈리아의 발달된 요리법을 가져와 전수시켰고 이 때부터 극도로 사치스러웠던 귀족주의가 발달되면서 의식주 모두 큰 발전을 하게 되었다. 그러므로 서유럽의 음식문화는 중세를 거쳐 르네상스 시기까지 음식문화의 주도권을 잡았던 이탈리아와 그 이후에 주도권을 잡아왔던 프랑스를 중심으로 이루어져왔다고 볼 수 있다.

2) 프랑스인들의 식탁

정통 프랑스요리는 코스의 수가 열두 가지나 되었지만 현대에는 4가지 정도로 간단히 먹는다.

(1) 프랑스의 식사코스

- 오르되브르(hors-d'oeuvre) : 전채요리로서 짠맛이나 신맛이 있어 입맛을 돋구는 작용을 하며 대개는 색이 잘 조화되어 있다.
- 수프 : 맑게 끓인 '콩쏘메(consommé)'와 건더기가 많은 '포타쥬(potage)' 두 종류가 있다.
- 메인 디시 : 생선이나 고기에 채소나 곡류가 곁들여 나온다.
- 디저트 : 달콤한 케이크나 무스, 쿠키, 크레이프, 푸딩, 바바로와, 아이스크림이나 셔벗, 요구르트, 치즈 등을 제공한다.

메인 디시를 생선요리와 고기요리의 일종인 앙트레와 로스트로 나누기도 하지만 프랑스인들의 일상적인 코스는 한 가지로 줄여진다. 디저트 후에 에스프레소 커피가 나오며 저녁에는 도수가 강한 디저트용 술이 나오기도 한다.

3) 포도주의 왕국

세계에서 포도주를 가장 많이 생산하는 나라는 이탈리아이다. 그러나 고급 포도주가 가장 많이 생산되는 곳은 프랑스이다. 이는 오랜 세월 동안 수많은 포도 품종을 개발하고 포도주 제조방법을 연구해 왔으며 국가에서 마련한 제도적인 장치가 한몫을 한 데 기인한다. 프랑스의 포도주 산지는 크게 나누어 보르도(Bordeaux), 부르고뉴(Bourgogne), 론느(Rhone)와 프로방스(Provence), 루와르(Loire), 알자스(Alsace), 샹파뉴(Champagne) 등으로 볼 수 있다.

그림 10-5 프랑스의 포도주 산지

포도주는 프랑스 각 지역에서 생산되는데 지역에 따라 맛, 색깔, 향기 등이 다 다르다. 크게 보면 적포도주와 분홍빛 포도주, 백포도주로 나누어진다. 백포도주는 차게 해서 주로 생선요리와, 적포도주는 상온에서 육류요리와 함께 마신다. 분홍빛 포도주는 모든 요리에 어울리나 많이 생산되지는 않으며 주로 남프랑스에서 시원하게 마시는 경우가 많다.

보졸레 누보(Beaujolais nouveau)

보졸레 누보는 그 해에 신속히 추수하여 순간적인 발효(4~5일)와 빠른 숙성(4~5주)을 하여 만들어진 첫번째 포도주이다. 원래는 이 포도주의 생산을 자축하며 보졸레 지방이나 기타 대도시에서 일반인들이 주점 등에서 마시던 막포도주(free-flowing wine)였으나 1951년 보졸레 지방의 한 포도주 생산업자에 의해 포도주의 출하시기를 일정하게 잡으면서 마케팅의 힘을 빌어 전세계적으로 유명해진 이름이다. 1985년부터 보졸레 누보의 출하 시기를 11월 셋째 목요일로 결정하고 그 이전에는 생산하지 않도록 하여 이 시기가 되면 많은 상인들에 의해 보졸레 누보를 시음하는 축제의 분위기가 조성된다.

표 10-1 프랑스 포도주의 종류

구분	생산지	특징	대표 상표명	병모양
적포도주	보르도 (Bordeaux)	붉은 빛이 진하고 불투명하며 단맛이 적으며 맛이 텁텁하나 부드럽다. '여성형 포도주'로 불린다.	메독(Médoc), 생테밀리옹 (Saint-Emilion) 그라브(Graves) 코트 드 보르도 (Côtes de Bordeaux)	
	부르고뉴 (Bourgogne)	매우 선명한 붉은 색감을 띄우고 있으며 상큼한 과일 향이 풍부하다. 산도와 알코올 도수가 보르도보다 조금 높아 '남성적인 포도주'로 불린다.	샤블리(Chablis) 코트 도르(Cotes d' Or) 마코네(Maconnais) 보졸레(Beaujolais)	
분홍 포도주	론느와 프로방스 (Rhone & Provence)	연한 붉은 빛을 띄우며 투명하고 맛이 순하며 차게 해서 마시기도 한다.	코트 드 프로방스(Côtes de Provence) 타벨(Tavel)	
백포도주	루와르 강변 (Val de Loire)	금빛을 띄며 과일향이 풍부하고 약간의 단맛과 청량감이 있다.	뮈스카데(Muscadet)*, 쉬네블랑(Chenin Blanc)*, 소비뇽 블랑(Sauvignon Blanc)* 소뮈르(Saumur)	
	알자스 (Alsace)	담백하고 깨끗한 맛과 과일향이 느껴지나 단맛은 적다.	리슬링(Riesling)*, 게뷔르츠트라미너(Gewurztraminer)* 피노 그리(Pinot gris)*, 실바너(Sylvaner)*, 피노 느와(Pinot Noir)* 크레망달자스(Crement d'Alsace)-거품백포도주 (Vin mousseux)**	
	샹파뉴 (Champagne)	약간의 단맛이 돌며 병을 딸 때 탄산가스로 인한 거품이 생성되어 상쾌한 맛을 낸다.	브뤼 레제르브(Brut reserve) 샹파뉴 브뤼(Champagne brut)	

* 프랑스 포도주는 생산지역명이 대개 상표명이 되나 알자스 포도주를 비롯한 백포도주들의 상표명은 포도의 품종(*)을 따서 쓰기도 한다.

** Vin mousseux라 함은 거품이 이는 백포도주로 질이 샹파뉴보다는 떨어지지만 가격이 싸서 샹파뉴의 대용품으로 쓰인다.

프랑스의 포도주는 단맛이 적은 편이다. 독일의 백포도주와 이탈리아의 적포도주는 단맛이 무척 강한 데 비해 프랑스의 포도주는 단맛보다는 텁텁하거나 신맛이 있다. 프랑스 사람들이 즐겨하는 요리 중 적포도주의 향을 이용하는 대표적인 요리는 부르기뇽(쇠고기 사태살에 적포도주를 듬뿍 넣고 조리한 것으로 우리나라의 사태찜과 상당히 비슷하다), 코크오뱅(닭에 포도주를 넣어 찐 것) 등이며, 후식을 만들 때 그 향이나 색을 이용하기도 한다.

프랑스인들의 포도주 맛에 대한 감별력은 대단하다. '소믈리에(somelier)' 라고 불리는 이는 식당에서 포도주 서빙에 관한 모든 것을 책임지는 사람으로 포도주에 대한 해박한 지식을 가지고 있다. 꽤나 까다로운 시험과 경력을 갖추어야만 이러한 칭호를 얻을 수 있는 직종이다.

좋은 포도주를 고르려면?

프랑스에서는 알코올 도수가 12도 이상 되는 것만을 포도주다운 포도주로 간주한다. 품질이 인증된 포도주는 병의 라벨 위에 'APPELATION ○○○ CONTROLEE' 란 문구가 있으며 ○○○은 산지(혹은 저장창고(cave)가 있는 곳)의 이름이 들어간다. 즉 이 지역에서 포도주의 품질을 보증한다는 표시이며 이 표시와 관련된 모든 사항은 국가의 법으로 엄격히 통제된다. 포도주의 품질은 기후조건에 따라 변화하므로 포도주를 저장해 놓고 먹는 프랑스인들은 매해 포도주의 품질을 평가하여 도식화해 놓은 도표를 참고하여 가게에서 포도주를 구입하곤 한다.

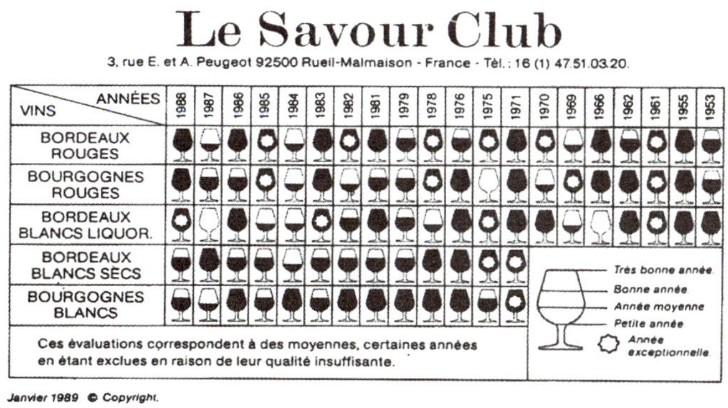

프랑스 포도주의 연도별 품질표

🍎 Host test

'Host test'란 식사를 초대한 사람(호스트)이 음식에 알맞는 와인을 주문하고 미리 시음해 이상이 없는지를 살피는 식사예절이다. 웨이터가 포도주를 내오면 주문된 포도주의 라벨을 호스트에게 보여 맞는지 확인하게 한다. 웨이터는 병을 따서 코르크 마개가 젖어 있는지를 확인하게 하고 이상이 없다는 신호를 받으면 호스트의 잔에 1/6 정도 따라준다. 포도주를 받은 사람은 먼저 시음을 한다. 시음은 입안이 깨끗한 상태에서 포도주 잔의 아래를 살짝 쥐고 빛깔을 본 후에 냄새를 맡고 한 모금 머금은 뒤 입안에 두고 음미한다. 자기가 시킨 포도주의 품질이 적정하면 계속 서비스를 하도록 지시하고 만일 품질에 이상이 있다고 생각하면 바로 다른 병으로 바꾸어 오도록 지시한다. 식당에서 음식과 함께 포도주를 시킬 때 본인이 포도주에 대해 잘 알고 있으면 특정 상표와 연도 등을 지정하여 시키지만 그렇지 않을 경우는 웨이터에게 물어보면 시킨 음식에 적절한 포도주를 권해준다.

4) 프랑스의 빵

프랑스인들이 식사 때 주식으로 많이 먹는 빵은 바게트, 시골빵, 크로와상, 브리오슈 등이다.

(1) 바게트

바게트(baguette)는 프랑스인들의 주식과 다름없는데 글루텐 성분이 많은 강력분

그림 10-6 프랑스의 빵

과 이스트, 소금으로만 만들어졌지만 겉은 바삭하고 고소하며 속은 부드럽고 쫀득쫀득하다. 한 개의 무게는 250g으로 엄격히 정해져 있어 어느 빵가게에서 사던 크기는 다를지라도 무게는 같다. 프랑스인들은 식사 때 바게트를 어슷하게 썰어 넣은 빵바구니를 준비하고 식사 후에 접시에 남은 소스 등을 빵으로 깨끗이 닦아 먹는다. 샐러드도 빵과 함께 먹고 후식인 치즈도 빵과 함께 먹는다. 또한 바게트에 버터, 햄과 채소, 치즈, 참치와 양파 등을 넣어 만든 샌드위치는 곧잘 이들의 점심이 된다.

(2) 시골빵

시골빵(pain campagne)인 흑밀빵 또한 프랑스인들이 즐겨 먹는 빵이다. 이런 빵의 맛은 흰빵보다 훨씬 고소할 뿐 아니라 보관도 오래되며 건강에도 좋다.

그림 10-7 시골빵

(3) 크로와상

크로와상(croissant)은 밀가루, 이스트, 소금으로 반죽하고 사이사이에 지방층을 형성시켜 발효시킨 일종의 페이스트리로 빵의 모양은 초승달과 유선형 두 가지가 있다. 초승달 모양으로 만든 것은 지방원으로 버터를 쓴 것이고 유선형은 버터가 아닌 마가린이나 쇼트닝을 쓴 것으로 값에 차이가 있다. 가격이 바게트 하나와 맞먹을 만큼 비싼 이유도 있지만 지방이 많아 아침식사 때에만 주로 먹는다.

그림 10-8 크로와상

(4) 브리오슈

브리오슈(brioche)는 부드럽고 고소하며 가벼운 촉감의 프랑스 빵으로 우유, 버터, 설탕, 달걀을 넣어 만든 것이다. 역시 주로 아침에 많이 먹으며 파리식은 머리에 혹이 난 형을 하고 있다.

5) 프랑스요리의 맛을 결정하는 소스

프랑스요리에서 가장 어렵고 공이 많이 들면서 음식 맛의 기본을 이루는 것이 마리네이드(소스)이다. 길게는 일주일에서 그 이상씩도 고아 만드는 정성을 깃들인다. 주재료인 육류나 어류에 향신료 등의 여러 가지 재료를 어우러지게 넣고 푹 고아낸 스톡을 기본으로 하여 만든다. 화이트 스톡은 생선, 닭고기, 송아지고기 등으로 만들며 브라운 스톡은 쇠고기나 송아지 고기 등으로 만든다. 고기뿐 아니라 고기의 뼈를 이용하고 여기에 양파, 셀러리, 당근과 부케가르니(bouquet garni)를 넣고 고아 만든다.

6) 프랑스인들이 즐겨먹는 치즈

프랑스 치즈의 종류는 400여 종 이상이다. 지역마다 출하되는 치즈가 다르고 각 집에서 만드는 치즈의 맛이 다 다를 수 있으므로 이러한 것들까지 합하면 약 800여 종의 치즈가 있다고 한다. 프랑스인들은 가공된 연성 치즈는 좋아하지 않아 주로 생치즈를 먹는데, 치즈의 맛을 아는 사람일수록 독한 향을 가진 치즈를 선호한다.

(1) 까망베르

대표적인 순한 맛의 치즈로서 흰 곰팡이를 접종시켜 숙성시킨 치즈가 까망베르(camembert)이다. 대개는 지름 10~12cm, 두께 2~3cm 정도의 원판 형태를 띠고 있으며 치즈 표면에 부드러운 펠트지와 같은 흰곰팡이가 덮여있지만 모두 먹을 수 있다. 가운데를 눌러보아 말랑말랑한 것이 오래되지 않은 것이다.

(2) 로크포르

강한 냄새를 내는 치즈 중 잘 알려진 것으로 양젖에 푸른곰팡이를 접종하여 만든 것이 로크포르(roc fort)이다. 군데군데 푸른곰팡이가 피어 있는 것이 보이며 쏘는 맛을 가지므로 처음 치즈를 접한 사람은 먹기 어렵다.

(3) 염소 치즈

염소 치즈(fromage de chévre)는 염소의 젖을 원료로 만든 치즈로서 원통형이나 피라미드형이며 겉에 곰팡이 흔적이 보이기도 한다. 염소젖 냄새, 곰팡이 냄새, 그리고 밀짚 냄새가 날 수 있고 조직은 부드럽고 점착성이 있다.

(4) 브리

브리(brie)는 지방 함량이 많아 매우 부드럽고 가장 순한 치즈 중의 하나이다. 대개 큰 원반의 일부를 조각낸 형태로 유통된다.

(5) 에멘탈

에멘탈(emmental)의 원산지는 스위스이며 가장 큰 치즈로 유명하다. 원반형으로 만들어지며 내부조직은 다소 건조하며 거칠고 가스공이 형성되어 있다. 스위스 음

그림 10-9 각종 치즈

식인 '퐁듀' 에 사용된다.

(6) 고우다

고우다(gouda)의 원산지는 네덜란드이며 순한 맛을 갖고 내부조직은 약간 거칠고 단단하다.

치즈는 지방의 함량이 많을수록 고소하고 부드러우며 단백질 함량이 높은 것은 빽빽하다. 그토록 자랑하는 프랑스의 치즈가 다른 나라에 잘 수출되지 않는 이유는 생치즈로서 살균이 되지 않았기 때문이다. 덴마크 등지에서 까망베르를 살균하여 수출하기도 하는데 이것은 프랑스의 것에 비해 톡 쏘는 치즈 고유의 맛이 훨씬 덜하다.

프랑스인들은 식사 후에 치즈를 후식으로 먹는다. 많은 양을 먹는 것은 아니지만 몇 가지 종류의 치즈를 치즈 쟁반 위에 놓고 구미에 따라 한두 조각씩 베어 먹는 것이다. 프랑스 요리에서 치즈는 샌드위치나 샐러드에 그대로 넣어 먹거나 감자, 흰살 생선, 마카로니, 콜리플라워, 양송이 버섯 등을 화이트 소스와 섞어 놓은 위에 놓아 오븐에 구워서 녹여 먹는다(그라탕).

7) 프랑스의 유명한 요리

세계적으로 잘 알려져 있는 프랑스 요리로는 달팽이 요리, 개구리 뒷다리 요리, 거위간으로 만든 프와그라(foie gras), 송로버섯요리(truffle), 석화요리, 그리고 다양한 치즈를 이용한 요리 등을 들 수 있다.

그림 10-10 석화요리

3. 환경을 보호하는 독일음식

1) 호프식 식사예절의 발생

독일은 프랑스의 북쪽에 자리하며 동쪽으로는 오스트리아, 서쪽으로는 네덜란드, 영국과 인접해 있어 역사적으로 많은 강대국들의 침입을 받아 항상 괴롭힘을 받고 살았으며 문화적으로도 많은 영향을 받았다. 그러한 배경이 현재의 배타적이고 보수적이며 단결력이 강한 독일인들을 만들었고 무엇이든 견고하고 단순하게 만드는 국민성을 만들었다. 식문화에 있어서도 역시 돌아가며 이웃나라의 선진 예절을 많이 받아들여 이탈리아, 프랑스, 오스트리아의 식문화를 차례로 모방해가며 자체적인 식문화를 형성하였다. 중세 후기 이전의 게르만족의 야성미를 갖고 있던 식습관에서 탈피하여 16세기부터 이탈리아의 식문화를 모방하기 시작, 18세기 무렵에 전형적인 독일의 식습관이 형성되었다. 이후로 산업혁명을 거치면서 부의 축적이 이루어지고 식사예절은 더욱 정교해졌으며 호프식 식사예절은 일반층에까지 전파되었다. 현재의 독일인들 음식은 건강을 지키고 환경파괴를 최소화하는 방향으로 발전하고 있어 채식주의와 간소화된 음식문화가 지배적이다.

2) 맥주 소비량이 최고인 나라

독일은 전 세계에서 맥주 소비량이 최고인 나라이다. 독일 내의 어느 식당을 가나 맥주와 소시지를 먹는 사람들을 흔히 발견할 수 있다. '비어가르텐' 이란 프랑스의 '카페' 처럼 독일인들이 맥주를 마시며 인생을 논하는 곳이다. 일반적으로 맥주를 독일에서는 'Pilsner(Pils)' 라고 한다. 이 맥주는 독일에서 가장 흔히 소비되는 맥주로서 주로 북부지역에서 생산되는 것이 유명하다. 독일인들은 맥주를 음료수처럼 마신다. 심지어 어린이를 위한 알코올을 뺀 맥주도 있을 정도이다. 독일의 맥주는 생맥주가 가장 비싸고 캔이나 병맥주는 이보다 싼 편이다.

그림 10-11 옥토버페스트의 풍경

독일 맥주는 종류가 매우 많다. 비슷비슷한 맛을 가진 것도 많지만 각각 다른 캔, 병의 모양 때문에 수집을 해도 좋을

표 10-2 맥주 생산지역의 특징

맥주	생산지역	특 징
Pilsner	도르트문트	가장 대표적인 독일맥주로서 북부에서 많이 생산
Altbier	뒤셀도르프	적갈색이 나는 맥주
Kölschbier	쾰른	황색의 옅은 색이 나는 맥주, 가늘고 작은 컵에 마시는 것이 풍습
Berlinerweisse	베를린	단맛이 나는 여성취향의 맥주
Rauchbier	밤베르크	맥주보리를 연기(Rauch)를 통과시켜 만든 갈색의 훈제맥주
Hellesbier, Dunkels, Weizenbier	뮌헨	갈색의 소맥으로 만든 맥주로서 도수가 높음

정도이다. 독일을 여행하면 각 지역마다 독특한 장식을 한 맥주잔들이 판매되고 있어 수집의 대상이 되기도 한다.

독일에서는 각 지방마다 맥주 축제가 열리는데 그 중에서 가장 유명한 것은 뮌헨의 옥토버페스트(Oktoberfest)이다. 매년 10월 첫번째 일요일까지 16일간에 걸쳐 가을 수확에 감사하는 세계 제일의 맥주 축제가 열린다.

3) 순한 맛의 독일 백포도주

독일은 유럽에서 포도주 생산의 북방한계선으로 단맛이 강하고 향기가 좋은 백포도주가 많이 생산된다. 백포도주의 대표적인 품종은 리슬링(Riesling)으로 단맛은 적고 산도가 높아 향이 진한 것이 특징이다. 독일산 백포도주는 알코올 도수가 8~10도 정도로 프랑스의 적포도주에 비하면 비교적 순하다.

독일에서 대표적인 포도주 생산지역은 라인강변으로 일조량을 늘리기 위해 강 양편의 산기슭에 만든 많은 포도밭에서 9~10월에 산출된 포도로 담근다.

독일은 또한 스파클링 포도주의 최대 생산국이자, 최대 소비국가이다. 독일에서 생산되는 스파클링 와인을 제트(Sekt)라고 하는데, 프랑스 샴페인과는 다르게 병 속에서 생성되지 않고 탱크에서 가스를 만들어내기 때문에 가격은 비교적 저렴한 편이다.

4) 겨울철 저장음식, 소시지

그림 10-12 독일의 소시지

독일에서 맥주에 곁들이는 음식에는 여러 가지가 있지만 대부분 소시지가 포함된다. 소시지는 돼지고기를 갈아 만든 것으로 지방이 매우 많이 함유되어 있다. 그들은 소시지를 매콤한 겨자에 찍어 빵과 같이 먹는다. 겨울철에 프랑스와 독일의 국경지방에서 즐겨 먹는 슈쿠르트는 양배추를 발효시켜 백포도주와 함께 소시지를 넣고 조린 음식인데 고춧가루를 넣고 끓이면 우리나라의 김치찌개와 같이 된다. 소시지는 긴 겨울 동안 저장음식으로 개발된 것으로 얼마 전까지도 독일의 일반 가정에서는 겨울이 되기 전에 돼지를 한 마리 잡아 기술자에게 의뢰하여 소시지와 햄을 만들어 두고 겨우내 식량으로 삼았었다. 소시지는 레겐스부르크(Regensburger)와 뉘른베르크(Nurnberger)의 브라트부어스트(Bratwurst), 뮌헨(Muchen)의 뮌헤너 바이스부어스트(Munchener Weisswurst) 등이 유명하다. 이외에 간으로 만든 레버부어스트(Leberwurst), 피와 비계로 만든 부르트부어스트(Blutwurst) 등도 특이한 맛을 가지고 있다. 독일에는 햄과 베이컨 종류도 수백 가지가 있어 독일의 주부들은 시장을 볼 때마다 이러한 육가공품 가게에 들러 햄이나 소시지 등을 사곤 한다.

5) 감 자

감자는 독일의 기후와 잘 맞는 작물이므로 많이 출하된다. 감자는 그들의 주식과도 같은 음식이다. 대개 가루로 만들어 요리재료로 쓰지만 감자를 으깨어 퓨레를 만들거나 으깬 감자에 버터를 듬뿍 넣어 굽기도 하고 감자튀김, 크네델(감자덩어리)로 먹는다.

6) 독일의 가정요리

독일의 일반 가정에서는 닭고기, 돼지고기, 쇠고기 등의 표면을 잘 구운 다음 향료를 넣고 푹 끓인 요리를 감자나 빵에 곁들여 먹는다. 독일인들의 음식은 보존 식품을 이용한 것들이 많은데 이 중 하나는 '아이스바인' 이다. 이것은 돼지 뒷다리 고기를 절였다가 부드럽게 삶은 것으로 통째로 얇게 썰어 양념을 곁들여 먹는다. 우리나라의 김치처럼 양배추를 소금에 절여서 발효시킨 음식(사워크라프트)이 곁들여지기도 한다.

4. 차문화와 함께 하는 영국음식

1) 영국식 아침식사

영국은 하루에 아침과 오후의 티타임을 매우 중요시하는 나라이다. 대륙식 아침식사(Continental breakfast)는 커피와 빵 종류로만 이루어지는데 비해 영국식 아침식사에는 과일 주스, 시리얼, 베이컨과 달걀 혹은 소시지와 달걀프라이, 훈제 청어와 토마토 등 매우 푸짐한 음식이 차려진다. 그로부터 'English breakfast' 또는 이 식사의 유형이 미국에도 그대로 전해졌으므로 'American breakfast' 라는 말이 유래되었다.

2) 로스트비프와 피시 앤 칩스

영국의 고기요리는 대개 오븐에 굽거나 스튜로 만들고 생선은 튀김으로 조리한다. 로스트비프는 가장 간단하고 꾸밈이 적은 요리인데, 영국의 요리는 이와 같이 단순하고 소박하여 프랑스나 이탈리아의 요리에 비하면 세련된 맛은 적다. 로스트비프에는 흔히 요크셔 푸딩을 곁들인다. 요크셔 푸딩은 로스트비프를 할 때 나오는 고기즙에 밀가루, 우유, 달걀로 묽게 반죽하여 오븐에 익힌 것으로 달지 않은 후식이다. 그 외에 영국의 대표적인 음식으로는 '피시 앤 칩스(fish and chips)' 를 들 수 있다. 대구나 명태와 같은 흰살 생선을 기름에 튀긴 것과 감자튀김을 뜻한다. 후식으로는 과일로 만든 파이나 푸딩을 주로 먹는다.

3) 커피보다 차를 즐기는 사회

영국 음식문화의 특징 한 가지는 차문화이다. 19세기 전반에 인도의 아삼지역에서 차가 발견된 후 영국의 중상류층을 중심으로 발달하기 시작하였다. 오후 4시에 하던 일을 모두 그만두고 30분 정도를 'tea break'로 철저히 지켜나가는 관습으로 보아 차는 영국인들의 음식문화에서 빼 놓을 수 없는 요소이다. 영국의 차문화가 번성하게 된 요인 중의 하나는 식민지로 통치하던 인도의 역할이 크다. 영국에서 주로 마시는 차는 인도산 차와 실론차이다. 상류 계층에서는 고급의 중국산 차를 마시는 경우도 있지만 대개 아삼, 다아질링, 닐기리 등의 인도산 차를 주로 마신다. 일반적으로 쉽게 살 수 있는 차는 영국에서 여러 종의 차를 혼합하여 만든 'blended tea'이며 오히려 순수한 한 종류의 차보다 이러한 혼합차를 더 좋아하는 사람들이 있는 것은 커피의 경우와 마찬가지이다.

하루에 6번의 티타임

영국인들은 아침 5시에 주로 남편이 끓여다 주는 'early morning tea'로 차 마시는 습관을 시작하여 오전 11시경과 점심 직후, 오후 3~4시에 'afternoon tea'를, 5시경에 'high tea'를 그리고 저녁시간, 이렇게 하루에 대개 6번의 차를 마신다. 식간에 마시는 차는 대개 샌드위치나 파이류, 케이크 등을 곁들이거나 잼이나 버터를 바른 토스트, 머핀, 스콘 등을 곁들인다. High tea는 대개 육류와 함께 제공되며 저녁에 일찍 재우는 10살 이전의 어린아이들에게는 이것이 저녁식사가 된다. 어른들은 어린이들을 재우고 좀 더 늦게 어른들끼리 조용히 식사를 즐긴다. 요즈음 사람들은 티백을 많이 쓰지만 중년층 이상에서는 차잎을 넣어 우려 마시는 것을 선호하며 차 마시는 것이 한 잔으로 끝나는 것이 아닌 만큼 영국의 차 마시는 시간은 오후의 중요한 사교 모임인 것이다.

5. 간편하고 실용적인 미국음식

1) 풍요로운 미국인의 식탁

미국은 역사가 짧고 유럽에서 이주한 민족들과 원주민, 그리고 이민 온 사람들의 거대한 공동체인 만큼 서유럽의 음식문화가 기초가 되어 있고 여기에 중국과 일본의 동양음식문화가 섞여 이루어져 거의 전 세계의 음식이 한 곳에 모여 있는 지역이다. 식량자원이 풍부하고 효율적인 생산, 가공, 유통 시설을 이루어 식생활에서는 너무나도 풍요로운 나라이다.

(1) 동 부

대서양의 습윤한 기후를 나타내며 영국과 독일의 영향을 많이 받았다. 블루베리, 칠면조, 옥수수, 감자, 토마토, 돼지감자, 고추, 오크라 등이 유명하다.

(2) 서 부

큰 산맥과 고원지대가 많아 포도, 딸기 같은 과일과 샐러드용 채소의 생산량이 많다. 대중적인 포도주의 생산량도 많다.

(3) 남 부

아열대기후로서 원주민인 인디언, 프랑스인, 아프리카 흑인, 스페인, 멕시코인의 영향을 받아 지방색이 강한 음식이 많다. 갖가지 채소와 해물을 이용한 요리가 많아 미국에서도 가장 음식이 맛있는 지역이다.

미국인들은 아침에 토스트, 과일 주스, 커피에 달걀이나 베이컨류를 먹는다. 곡류를 건조시킨 시리얼을 우유나 크림에 타서 먹기도 한다. 토스트가 발달하여 시나몬 토스트, 치즈 토스트, 프렌치 토스트 등 여러 가지로 조리하여 먹으며 롤이나 케이크를 먹기도 한다. 미국인들의 점심식사는 샌드위치나 찬 로스트 비프를 주로 하는 식단, 오믈렛을 주로 하는 식단 등이 대표적이며 간단히 먹을 수 있는 음식에 후식을 곁들인다. 저녁에는 주로 더운 음식을 먹으며 육류와 채소로 이루어진 수프류와 생선요리, 고기요리, 샐러드, 빵, 후식, 음료로 이루어진다.

2) 간편한 식사를 지향하는 미국의 식문화

최근 들어 미국의 식사는 점점 간편해지고 있는데, 단적인 예가 아침에 도넛이나 베이글, 점심 메뉴로 햄버거나 핫도그, 샌드위치 등이다. 저녁 식사에서 대중적인 것은 신선한 쇠고기를 사다가 살짝 구워 먹는 비프스테이크이며 여기에 샐러드와 후식이 따른다. 음료로는 위스키, 맥주, 칵테일, 포도주 등이 대중적이며 아이스크림이나 파이, 피자 등의 고칼로리와 고염, 고당질의 음식이 많이 소비된다. 생활이 바쁜 탓에 식사시간을 많이 할애할 수 없는 문제도 있겠지만 전혀 품위가 있다고 볼 수는 없는 음식문화가 미국에 퍼지면서 실제로 미국인들의 건강에는 크게 문제를 일으켰다. 그러므로 현재 미국은 저열량, 저염, 저당의 바람이 불고 있으며 비만에 대한 전쟁이 선포되고 있는 것이다. 한편, 경제관념이 기반이 되어 일어난 미국의 문화는 철저히 소비자의 욕구를 만족시키려고 하여 식품의 가공기술이 발달하였다.

6. 열정적인 멕시코음식

중앙아메리카에 자리하고 있는 나라 중 음식문화에 있어 우리에게 많이 알려진 나라는 멕시코이다. 멕시코는 거대한 영토를 지니고 있어 남쪽과 북쪽으로부터 많은 문명이 들어와 혼재하면서 각 지방마다 독특한 문화를 형성하였다. 원주민은 아메리카 인디오이나 스페인 사람들에 의해 그 찬란했던 마야문명이 정복되고 국민의 90%가 천주교도인 명실상부한 천주교 국가가 되었다.

멕시코의 평지는 고온다습한 기후를 가지고 있으나 고원지대는 서늘한 기후를 나타내 각 기후에 맞는 다양한 식재료를 이용할 수 있어 다양한 음식문화가 발달하였다.

1) 옥수수의 나라

멕시코의 주식은 옥수수와 콩이다. '토르티야(tortilla)' 는 옥수수가루로 만든 납작한 밀전병형의 음식이다. 멕시코인들은 토르티야에 쇠고기, 돼지고기, 닭고기, 양고기나 내장들로 만들어진 음식을 싸서 먹는데 이 음식을 '타코(taco)' 라 부른다. 타코에 치즈를 뿌려 먹는 것은 '나초(nacho)' 라고 한다.

2) 고추로 만들어진 매운맛의 소스

타코를 먹을 때 곁들이는 소스의 종류는 여러 가지이다. 대개는 고추를 사용하여 매운맛을 내게 된다. 고추는 멕시코가 원산지인데 이들이 사용하는 고추는 크기가

그림 10-13 타 코

작고 매운맛이 강한 것부터 매운맛이 거의 없는 피망에 이르기까지 다양하다. 멕시코 원주민들은 고추를 가리켜 '칠리(chili)' 라고 불렀다. 고추에 초콜릿, 참깨, 아몬드, 건포도, 후추, 계피, 파 등 갖가지 향신료와 과일을 넣고 갈아 익혀 만든 몰레(mole)는 멕시코인들에게 빼놓을 수 없는 음식이다. 우리나라의 장류처럼 제맛을 내려면 숙련된 솜씨가 필요로 된다. 이외에 남미를 원산지로 하는 식품은 카카오, 감자, 고구마, 토마토, 아보카도, 땅콩, 파인애플, 치클레, 계피 등을 들 수 있다.

3) 멕시코의 술, 풀케와 데킬라

현대의 멕시코인들은 콜라와 맥주를 즐기지만 전통적인 주류로는 마게이(maguey)즙을 발효시켜 만든 '풀케(pulque)' 와 10년 이상된 용설란을 3년 이상 발효시켜 만드는 '데킬라(tequila)' 이다. 데킬라는 위스키 정도의 알코올 도수를 가지므로 알코올의 작용을 약화시키는 효과를 얻기 위해 레몬이나 소금과 함께 마신다.

연 습 문 제

1 유럽의 다른 나라의 음식에 대해서도 알아보자.

2 해산물을 이용한 유럽의 음식에는 어떠한 것들이 있는지 알아보자.

3 미국의 주류에 대하여 알아보자.

4. 우리 나라와 유럽의 음식문화를 비교해보자.

인터넷사이트

1 http://www.cnu.ac.kr/~sunly (세계속의 음식문화)
2 http://www.france.co.kr/index_e.htm (프랑스 음식문화)
3 http://user.chollian.net/~ljwoo1 (포도주에 대하여 정리한 개인 홈페이지)
4 http://www.ncheese.com (치즈에 대한 사이트)

Foods

for

the

Better

Life

PART 5
미래의 식생활

Foods *for the* Better Life

CHAPTER 11

현대인을 위한 새로운 식품

현대인은 라이프스타일이 다양해짐에 따라 이동성과 신속성, 편의성을 추구함과 동시에 양보다 질을 선호하여 고품질의 식품에 대한 요구가 증가하고 있다. 활동량이 줄어든 현대인들은 에너지 섭취를 줄이면서도 적정한 영양적 균형을 이루는 식품을 요구하게 되었다.

또한 심장혈관계 질환 및 당뇨병 등과 같은 성인병을 예방하기 위한 지질, 콜레스테롤, 당, 나트륨 등의 함량이 낮고 열량도 더 낮은 식품에 대한 요구가 증가하였다.

소비자들은 기호면에서도 항상 새롭고 더 좋은 식품을 기대하고, 그에 부응하기 위하여 식품과학자들은 품질저하요인은 되도록이면 배제하고, 기호적 측면에서의 품질을 향상시킬 수 있는 식품을 만들고자 새로운 식품소재의 개발방법을 꾸준히 모색하고 있다.

식사가 건강에 미치는 영향의 중요성을 잘 인식하고 있기 때문에 식품을 통하여 건강을 증진시키고 질병을 예방하고자 하는 적극적인 자세를 갖게 되었다. 이와 같은 소비자들의 건강지향성과 기능성 식품소재의 연구개발은 서로 상승적으로 작용하여 학계와 산업계에서는 꾸준히 새로운 기능성을 가진 신소재를 개발하기 위하여 노력하고 있는 가운데 소비자들의 식품 선택의 폭은 더욱 더 넓어지고 있다.

1. 건강기능성 식품

식품에는 영양기능, 감각(기호)기능, 그리고 생체조절기능의 3가지 역할이 있다. 영양기능은 2장에서 다룬 6대 영양소의 생명유지기능을 의미하며, 감각기능은 앞서 언급한 기호성분의 감각적 · 관능적 역할을 말한다. 생체조절기능은 줄여서 기능성이라고도 하는데, 이에는 유해물질의 중화, 해독, 배설, 함께 섭취한 다른 물질의 흡수 촉진 등의 기능 및 혈압이나 콜레스테롤의 감소 등과 같이 생체리듬조절 및 질병의 예방과 관련된 다양한 역할을 포함한다. 이와 같이 기능성을 가진 성분을 일반 식품에 첨가하여 판매되고 있는 제품으로는 '올리고당 함유 음료', '장내균총 개선음료', '식이섬유 첨가 과자류' 등 다양하다.

1990년대 이후 소비자들은 건강에 대한 관심과 이해가 커져서 영양적 균형을 추

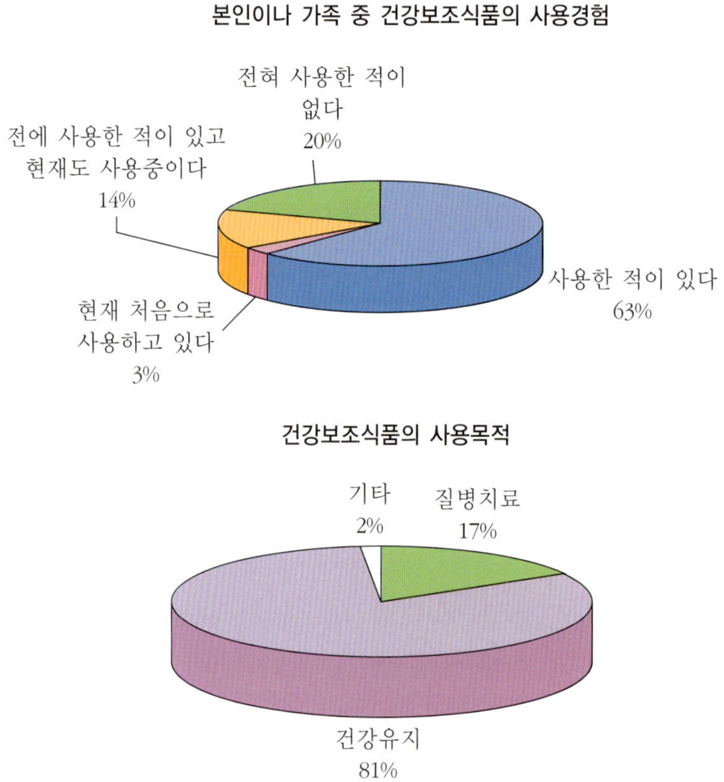

그림 11-1 건강기능성 식품 사용 실태

구하게 되었고 주문영양의 시대가 되었다. 학계에서는 기능성 식품을 개발하여 소비자들의 건강지향욕구를 자극하여 건강식품은 식품산업의 중요한 부분을 차지하게 되었다.

1) 식이섬유

식생활이 서구화되면서 식이섬유의 섭취가 줄어드는 추세에 따라 식이섬유(dietary fiber)의 중요성이 새롭게 평가받고 있다. 예전에는 영양적 가치가 없는 물질로 여겨지던 식이섬유였지만, 최근 당뇨병, 관상심장질환, 대장암 등과 같은 만성 퇴행성질환의 발생률의 증가가 식이섬유의 섭취량 감소와 관련성이 있다는 연구결과들이 나오면서 많은 관심을 끌게 되었다. 식물조직에 있는 셀룰로오스, 펙틴, 검류, 해조류 등과 함께 새우나 게의 껍질에 있는 키틴도 식이섬유의 한 부류에 속하는 것으로 보고 있다.

식이섬유는 종류에 따라 물리적 · 화학적 특성 및 생리작용에 차이가 있다. 식이섬유가 가지고 있는 수분보유능력, 점성, 결합력, 흡착력, 발효성 등의 특성들이 다음의 생리활성기능과 관련이 있다.

- 식이섬유는 변의 부피를 증가시킴에 따라 배변작용을 돕는 효과를 갖는데, 이는 식이섬유의 수분보유능력에 기인한다.
- 가용성 식이섬유는 혈청 및 간의 콜레스테롤 함량을 낮추는 효과를 갖는다. 또한 좋은 콜레스테롤로 알려진 HDL-콜레스테롤의 비율을 높여 줌으로써 심장

전곡류

이눌린과 올리고당 함유

그림 11-2 식이섬유 함량이 높은 식품

및 순환기계 질환에 대한 예방 및 치료효과가 있다.

- 식이섬유의 섭취는 당뇨병 환자에게 꼭 필요한데, 이는 식이섬유의 점성으로 인해 포도당의 흡수를 지연시킴으로써 혈중 포도당의 농도를 일정하게 하기 때문이다. 특히 과일에 많이 함유되어 있는 펙틴 물질이나 검류와 같이 물에 비교적 잘 녹는 식이섬유는 식후 혈당상승과 인슐린 분비를 억제하는 효과가 크다.
- 식이섬유를 충분히 섭취하면 대장암을 예방할 수 있다. 고섬유식은 장내에서 변의 양을 증가시키므로 담즙산같은 암 유발물질을 희석시키며 음식물의 대장 통과시간을 단축시킨다.
- 고섬유식은 음식물이 장을 통과하는 속도를 빠르게 함으로써 영양소의 흡수량을 적게 하므로 비만인 경우에 체중조절 효과가 있다.

2) 올리고당

올리고당은 단당류가 2~10개 결합된 소당류를 일컫는 말로서, 최근 개발된 제품에 많이 첨가되고 있다. 다양한 기능을 가진 올리고당이 개발 · 이용되고 있는데, 그 중에서도 장내 세균의 균총 개선효과 및 배변효과를 갖는 물질이 폭넓게 이용되고 있다. 갈락토올리고당, 프락토올리고당, 이소말토올리고당 및 대두올리고당이 이러한 물질에 속하며, 이들은 유제품, 건강보조식품, 조미료, 각종 음료 및 과자류 등에 첨가되거나 올리고당이란 단일 상품으로 시판되고 있다. 올리고당은 일반적으로 저감미 효과, 맛의 개량효과, 보수성과 노화방지효과, 충치예방, 비만방지 및 콜레스테롤 축적방지 등의 효과를 갖는다. 기능성 올리고당의 과량 섭취는 때로 설사나 가스 생성으로 인한 복부 팽만감 등의 좋지 않은 영향을 끼칠 수도 있다.

3) 기능성 지질

지질의 주요 구성성분인 지방산은 소화관 내에서 더 이상 가수분해되지 않고 직접 흡수되어 그 자체가 생리활성을 갖는 경우가 많으므로, 효과적인 기능성 식품의 하나로서 주목받고 있다. 에스키모인들은 백인에 비해서 심근경색과 뇌경색 등 순환기계 질환의 발병률이 낮은데, 이는 이들이 주식으로 하는 생선류의 지방 내에 고도불포화지방산인 EPA(eicosapentanoic acid)와 DHA(docosahexanoic acid)의 효과인 것으로 밝혀지고 있다. EPA와 DHA는 혈액 중의 중성지방과 콜레스테롤을 감소시키고, 혈소판 응집작용과 혈액점도를 저하시키고 적혈구를 변형시키는 기능이 있다.

유지는 탄수화물이나 단백질에 비해 2배의 열량을 내므로, 이의 과다 섭취는 심장질환, 비만과 암의 유발 등 건강상의 문제가 되고 있다. 따라서 지질로부터의 열량 섭취는 낮추면서도 특유의 기능성, 즉 필수지방산이나 기타 생리활성물질의 섭취는 증가시켜야 할 필요에 따라 재래의 유지류를 변형가공한 신소재의 개발이 이루어지게 되었다. 이를 기능성 지질이라고 하며 고도불포화지방산, 중쇄지방질, 지방산 알코올, 인지질, 토코페롤, 카로티노이드, 세사민, 고시폴 등이 이에 속한다. 이들은 각 용도에 따라 식품, 의약품, 화장품, 유화제, 계면활성제 등에 폭넓게 이용되고 있다.

4) 기타 생리활성물질

차에 함유된 폴리페놀류, 녹황색 채소의 베타 카로틴과 게나 새우 등의 갑각류에서 키틴과 키토산 등의 기능성 물질이 밝혀지고 있다. 또한 인삼, 영지버섯에서도 생리활성물질이 추출되어 음료류에 첨가시켜 판매되고 있다.

5) 건강기능성 식품을 사용할 때 주의할 점

(1) 건강기능성 식품은 보조수단일 뿐이다

건강의 기본은 일상식품을 균형 있게 섭취함으로써 이루어지는 것이며, 식품섭취와 생활의 리듬이 전반적으로 균형을 이루어야 한다. 건강기능성 식품은 약이 아니고 완전식품도 아니다. 따라서 건강기능성 식품에 의존하여 편식을 하거나 식생활을 소홀히 하는 일이 없도록 주의해야 한다.

(2) 건강기능성 식품의 선택은 전문가의 조언을 받도록 한다

각각의 건강기능성 식품에는 특정의 생리활성물질이 있어서 우리가 건강기능성 식품을 섭취할 때는 그 물질의 기능을 기대하는 것이므로 자신의 건강상태에 따라 건강기능성 식품의 필요성 여부와 필요한 건강기능성 식품의 종류가 다르다. 따라서 다른 사람의 경험을 막연하게 따르기보다는 영양사 또는 식품영양학 전공자에게 조언을 받아 섭취하는 것이 효과적이며 안전하다.

(3) 표시내용을 잘 읽도록 한다

성분, 유용성, 용법, 용도, 영양소의 함량 등이 기재되어 있으므로 이를 면밀히 살펴보고 사용하도록 한다.

건강보조식품은 약이 아니다

건강보조식품은 유용성을 표시할 수 있도록 허용되어 있다. 이러한 유용성 표시를 소비자들은 치료효과로 받아들이기 쉬우나 생리활성물질(관여하는 물질)은 의약품으로 인정되지 않고 있으므로 약으로 생각해서는 안 된다. 다시 말해서 건강보조식품은 치료의 목적으로 섭취하는 것이 아니고 건강증진에 도움이 되기 위하여 섭취하는 것이다.

2. 설탕을 대신하는 인공감미료

1) 현대인과 설탕

설탕은 단순당의 하나로 물에 잘 녹고 순수한 단맛을 내주므로 사람들이 단것을 좋아하는 본능적인 욕구를 충족시켜 준다. 설탕은 물에 잘 녹아 식품의 저장성을 높여주므로 과일 통조림 등의 저장식품에 많이 이용되고, 과일잼을 만들 때는 없어서는 안 되는 구성요소이며, 결정화가 잘 되는 성질을 이용하여 여러 가지 사탕류를 만들기도 한다. 또한 과자류, 케이크류, 빙과류 등의 후식이나 간식으로 이용되는 식품에는 단맛을 내기 위한 목적과 설탕이 가지는 조리기능성을 이용하는 목적으로 많이 이용되고 있다.

설탕은 이와 같이 현대인의 식생활에 깊숙이 자리잡고 있으나, 순수하게 정제된 식품으로 칼로리만 제공하며 비타민이나 무기질이 전혀 없기 때문에 빈 열량식품이며, 지나치게 많이 섭취하면 비만, 치아부식, 당뇨병 등 현대인의 건강문제의 원인이 되거나 건강문제를 해결하는 데 방해가 되기도 하므로 그 섭취를 줄여야 하는 경우가 많다.

2) 인공감미료의 필요성

(1) 체중조절

열량 감미료는 설탕과 같은 단맛을 내면서 칼로리 섭취에는 거의 기여하지 않는 특성을 가지고 있으며 체중조절이 필요한 사람들을 위한 다이어트 식품이나 음료에 널리 사용되고 있다.

(2) 당뇨병 관리

당뇨병의 관리에는 식품, 운동 및 의료의 세 가지 측면이 있는데, 이 중에서 식사요법은 당뇨병의 치료와 관리의 중심이 된다. 당뇨증세가 있는 사람은 식사요법과 운동을 통하여 대사, 혈당 및 체중을 조절해야 한다. 당뇨병 환자들은 다른 사람들과 같이 단맛을 즐기면서도 열량섭취를 줄이고자 저열량 인공감미료를 필요로 한다.

(3) 치아건강

치아부식은 치아와 구강 내에 박테리아와 발효가능한 탄수화물이 같이 존재함으로써 일어난다. 박테리아가 식품 중의 탄수화물을 발효하면서 생산하는 산이 치아 표면의 에나멜층을 공격하여 치아부식이 일어나는 것이다. 인공감미료는 발효되지 않으므로 부식성의 산을 생성하지 않고 박테리아에 의한 플라그 형성의 기질이 되지 않는다.

3) 인공감미료의 종류와 특성

어떤 물질이 감미료로 간주되기 위해서는 안전성과 적법성, 상대적 감미도, 순수한 단맛, 안정성, 낮은 원가의 다섯 가지의 요건을 충족시켜야 한다. 원가는 제조과정과 시장원리에 의해서 정해지며 변화의 폭이 큰 편이다.

표 11-1 인공감미료의 종류와 특성

종 류	상대적 감미도	맛의 특성	안정성	사용되는 식품
사카린	300	설탕의 단맛 뒷맛이 쓰고 금속맛	안정	껌, 청량음료, 연제품, 조림, 채소절임
아스파탐	180~200	설탕과 비슷	낮은 pH, 열 및 장기간 저장에 대하여 불안정	음료, 과일제품, 소스류, 빙과류, 연제품
글리시리진	50~100	설탕같은 맛, 뒷맛으로 감초 맛이 남.	낮은 pH에서는 불안정	간장, 된장
스테비오사이드	300	뒷맛이 약간 씀.	안정	탄산음료, 과즙함유 청량음료, 유산균음료, 소주

가공식품과 대체감미료

좋은 맛을 가지는 식품과 음료를 생산하기 위하여 설탕 대체감미료가 꼭 필요한 경우가 있다. 설탕 대신 저열량 감미료를 사용함으로써 텍스처와 입안에서의 느낌이 더 좋은 식품 또는 음료를 만들 수 있기 때문이다. 설탕은 여러 가지 장점과 기능적 특성을 가지고 있지만 완벽한 식품재료는 아니다. 예를 들면, 빙과류의 경우 설탕의 농도가 높으면 끈끈한 텍스처를 갖고 표면에서 설탕이 결정화되는 문제점이 있다. 설탕은 또한 빙점을 강하시키므로 설탕으로만 단맛을 내는 경우 빙결시키기가 매우 어렵다. 따라서 저열량 감미료는 이러한 문제를 극복하고 품질을 향상시키기 위하여 냉동식품이나 빙과류에서 전적으로 또는 부분적으로 설탕 대신 사용되고 있다.

3. 가공식품에 많이 사용되는 저열량 탄수화물

1) 당알코올

당알코올은 생산방식에 따라 미생물 발효법에 의해 생산되는 에리스리톨(erythritol)과 화학적으로 수소를 첨가하여 생산되는 솔비톨(sorbitol), 자일리톨(xylitol) 등이 있다. 이들은 대개 설탕의 0.4~1.0배의 감미도를 가지며, 청량감이 있기 때문에 식품에 많이 사용된다. 또한, 치아부식을 방지해 주는 효과를 나타내므로 껌 등에 많이 사용된다.

2) 올리고당

올리고당은 천연식품에 존재하기도 하고 효소에 의하여 합성하거나 다당류를 가수분해하여 얻기도 한다. 여기에서 올리고당이란 난소화성으로 소화, 흡수되지 않기 때문에 열량을 내지 않는 것을 말하며, 이들은 대장에 도달하여 비피더스균과 같은 장내 유용 미생물의 증식을 촉진하는 기능성이 있다.

대두에는 스타키오스, 라피노오스 등이 천연으로 존재하며, 효소에 의한 생합성으로 만들어지는 올리고당으로는 프락토올리고당, 갈락토올리고당 등이 있다. 다당류 가수분해에 의하여는 이눌린올리고당, 알지네이트올리고당, 키토산올리고당 등이 있으며, 이들은 혈중 콜레스테롤 저하작용, 항균작용, 면역체계 활성화 작용 등의 생리학적인 기능성도 기대되고 있다.

표 11-2 올리고당의 종류와 특성

종 류	원 료	특 성
이소말토올리고당	전분	부분소화성, 저감미, 보습성, 전분식품의 노화방지, 충치방지, 비피더스균 증식인자, 변비개선
프락토올리고당	설탕	난소화성, 비피더스균 증식인자, 충치방지, 지질대사개선, 당뇨병개선, 변비개선
대두올리고당	대두	난소화성, 비피더스균 증식인자, 변비개선
갈락토올리고당	유당	난소화성, 비피더스균 증식인자, 비피더스 음료, 요구르트 등에 첨가, 충치예방, 지질대사개선
키틴올리고당	갑각류	면역증강, 항암작용
팔라티노스	설탕	충치예방 효과, 소장에서 서서히 분해, 설탕과 비슷한 감미
락토수크로스	설탕 유당	난소화성, 비피더스균 증식인자, 설탕과 유사한 물성, 장내균총개선

올리고당의 부정적 측면은 없을까?

난소화성 올리고당이나 당알코올의 섭취는 설사를 유발할 수 있으며, 가스의 생성으로 복부 팽창 또는 팽만감을 줄 수 있다. 설사는 올리고당의 높은 농도로 인하여 형성된 삼투압에 의하여 많은 수분이 소장과 대장에 남아 있어 생기게 된다. 그러나 장내 세균이 즉시 적응하여 더욱 빠른 속도로 과다하게 존재하는 당류를 소비하게 되므로 이상현상은 수일 내에 없어진다. 이러한 현상을 일으키는 당의 종류 및 농도, 그리고 그 현상의 유무는 개인에 따라 차이가 크다.

그림 11-3 무설탕 및 저설탕제품들

3) 폴리덱스트로오스

폴리덱스트로오스(polydextrose)는 주원료인 포도당, 부원료인 솔비톨 및 구연산으로 구성되어 있다. 이때 포도당이 일정한 결합방식에 의하여 중합되지 않고 무작위 결합방식을 갖게 되며, 현재 산업적으로 사용되고 있는 폴리덱스트로오스는 평균 분자량이 약 1,000 정도이다.

폴리덱스트로오스는 칼로리가 1g당 1kcal뿐이어서 지방이나 당류의 대체 소재로 사용된다. 이것은 수용성이고 열에 안정하나 고농도로 사용하면 설사를 유발한다. 폴리덱스트로오스의 용도는 증점제 또는 지방대체소재로서 제과제빵용 믹스, 씹는 껌, 당과류(confections), 프로스팅, 샐러드 드레싱, 냉동유제품, 젤라틴, 푸딩 등 다양하며 식이섬유 음료에도 사용된다.

4. 지방 대신 사용할 수 있는 식품들

지방의 과도한 섭취가 각종 성인병을 유발한다는 인식이 확산되면서 1970년대 이후로 지방섭취는 전반적으로 감소하고 있다. 소비자들은 지방함량이 낮은 식품을 선호하면서도 지방이 가지는 고유의 조리가공적성과 기호성은 그대로 유지하기를 원하므로 미국 등지에서는 지방대체물질의 개발이 활발하게 일어나고 있다.

지방대체물질은 열량을 줄이면서 향미, 텍스처, 크리밍 등 지방에 의한 식품의 기능적 특성을 살릴 수 있는 것이 바람직하나 아직까지 완벽한 지방 대체물질은 개발되지 않고 있고, 보통 여러 가지 물질 중 식품의 특성에 따라 적절히 배합하여 지방대체물질로 사용하고 있다.

지방대체물질은 그 조성에 따라 단백질계, 탄수화물계, 지방계로 나눌 수 있다.

1) 단백질계 지방대체물질

단백질계 지방대체물질은 우유나 달걀 단백질을 미세하고 둥근 입자로 성형하여 만든 미립자 단백질이 있는데, 대표적인 것으로 미국 Neutrasweet사에 의하여 개발된 심플레스(Simplesse)가 있다. 심플레스는 입 안에서 크림같은 느낌을 주어 아이스크림, 치즈, 버터 등과 같은 낙농제품에 지방을 대신하여 사용할 수 있으며, 샐러드 드레싱과 마가린 등에도 사용된다. 칼로리는 1g당 1~2kcal 정도로 적으며 콜레스테롤이 없다. 고온에서는 변성응고되므로 튀기기에는 적합하지 않다.

2) 탄수화물계 지방대체물질

탄수화물계 지방대체물질에는 껌, 변형전분, 말토덱스트린, 폴리덱스트로오스, 덱스트린, 섬유소 등이 있으며, 안전성이 높고 각종 식품에 오래 전부터 사용되어 왔다. 이들은 수분결합, 텍스처, 입안 느낌, 불투명함 등의 특성을 보임으로써 지방의 기능의 일부를 대신해 준다.

(1) 오트림(Oatrim)

이것은 귀리(oat)전분을 효소처리하여 부분적으로 가수분해한 것으로서 미국 시장에서 상품화되어 제과, 제빵, 육제품, 유제품 등에 사용되고 있는 지방대체물질이다.

(2) 말트린(Maltrin MO 040)

미국 Grain Processing사가 개발한 말토덱스트린으로 맛이 없는 다당류 전분 유도체로서 옥수수전분을 산 또는 효소법으로 가수분해하여 백색 분말이나 농축물로 얻는다. 칼로리는 1g당 4kcal를 내며, 온화한 맛과 향, 부드러운 입안 느낌을 주어 저지방 마가린, 냉동 디저트, 샐러드 드레싱 등의 원료로 광범위하게 사용되고 있다.

3) 지방계 지방대체물질-지방유사물(fat analog)

단백질계와 탄수화물계 지방대체물질이 유지와 같은 텍스처나 입안 느낌을 완벽하게 대신할 수 없는 데 비하여, 지방유사물은 유지와 유사한 효과를 낼 수 있다. 탄수화물계와 단백질계 지방대체물질은 또한 튀김과 같은 고온에서 사용하기 어려운데 지방유사물은 이런 문제를 해결해 준다.

(1) 살라트림

살라트림은 물리적인 성질은 지방과 같으나, 열량은 지방의 1/2로서 5kcal/g이다. 이것은 초콜릿과 사탕류, 제과, 유제품 및 스낵식품에서 지방 대신 사용된다.

(2) 카프레닌

카프레닌은 중쇄지방(medium chain triglyceride, MCT)으로서 섭취열량은 5kcal/g 정도이다. 카프레닌은 코코아버터와 비슷한 특성을 가지며, 입안 느낌과 텍스처가 아주 같으므로 초콜릿이나 사탕류의 제조에 잘 사용된다.

(3) 올레스트라

올레스트라는 설탕과 6~8개의 지방산이 결합된 sucrose polyester이다. 올레스트라는 보통 유지와 아주 비슷한 맛과 조리성을 가지면서도 섭취한 후 소화되지 않기 때문에 열량을 내지 않는다. 이것은 열안정성이 높아 튀김용으로 이용되며, 분무용, 제빵용 및 유제품의 원료로도 사용된다. 주로 천연유지와 혼합하여 이용하는데

> **지방유사물 해는 없나?**
>
> 지방유사물을 많이 사용하여 지방섭취가 감소하면, 필수지방산과 지용성비타민의 부족이 생길 수 있다. 또한 올레스트라는 설사를 유발하는 문제가 있어서 미국의 FDA에서도 사용허가를 오랫동안 미루어 오다가 1996년에 비로소 허용하였다. 따라서 수입식품 중에는 이런 지방유사물이 많이 들어있을 것이므로 주의하여 살펴볼 필요가 있다

35%를 대체하여 가정용 쇼트닝으로 판매되며, 75%까지 대체하여 스낵제품이나 식당용 튀김기름으로 이용되고 있다.

5. 유전자재조합식품의 유용성과 안전성 문제

어떤 생물의 유전자 중 유용한 유전자(예: 내한성, 내병충해, 살충제 내성, 제초제 내성 등)만을 취하여 다른 생물체의 유전자에 삽입하여 새로운 기능을 지닌 생물을 만드는 것을 유전자재조합이라고 한다. 유전자재조합식품이란 유전자재조합기술을 이용하여 만든 새로운 농 · 축 · 수산물 중 인체 및 환경에 대한 안전성이 확인되어 식품 또는 식품첨가물로 이용할 수 있는 것을 말하며, 영어로는 'genetically modified organism' 이라고 하여 보통 GMO라는 약자로 통용되고 있다.

종래의 품종개량과 유전자재조합에 의한 품종개량은 유전자를 재조합시켜 유용한 성질을 갖는 품종을 만든다는 점에서 동일하다. 그러나 유전자재조합기술의 특징은 목적하는 유전자만을 선택하여 재조합한다는 점이며, 종래의 품종개량은 교배나 육종 중에 생기는 유전자재조합 또는 돌연변이를 이용하는 것이다. 새로운 유전자재조합기술에 의한 품종개량도 유전자를 재조합시켜 유용한 형질을 얻는다는 측면에서 동일하며, 따라서 종래의 품종개량의 연장선상에 있다고 할 수 있다.

1) 유전자재조합기술을 이용하여 제조될 수 있는 식품

유전자재조합식품의 범위가 토마토, 옥수수, 대두, 감자, 채종, 면실 등으로 다양하므로, 이를 이용하여 제조할 수 있는 식품도 매우 다양하게 될 것으로 보인다. 따

유전자재조합 식품의 유용성

저항성이 있는 농작물의 육성 : 내한성, 내서성, 내병충해성 등
품종개량에 의한 농작물의 증산
새로운 식품의 창출
영양과 기호성 향상시키고 바람직하지 않은 성분을 감소 또는 제거

- 과일 : 비타민 A와 C를 증가, 당함량을 증가 또는 감소
- 식물 : 항산화물질이나 함암물질을 증가
- 유지 : 필수지방산 증가, 포화지방 감소

카놀라유(canola oil)

평지씨유(rapeseed oil)에서 에루스산(ercic acid)이라는 인체에 유해한 지방산 함량을 낮게 하여 생산한 저-에루스산 평지씨유가 상품화 된 것이다.

라서 이에는 유전자재조합 농작물을 주원료로 사용하는 식용유, 두부, 장유, 마가린뿐만 아니라, 부원료로 사용하는 경우까지 포함하면 모든 가공식품에 이용이 가능하다고 알 수 있다.

2) 유전자재조합식품의 안전성 문제

유전자재조합기술은 동물에도 적용시켜 고품질의 안전한 식품을 개발할 가능성도 있다. 예를 들면, 닭의 품종을 개량하여 세균에 대한 저항성을 높여주면 감염되지 않은 달걀을 낳을 것이며, 젖소의 경우에는 감염되지 않은 우유를 생산할 것이

토마토

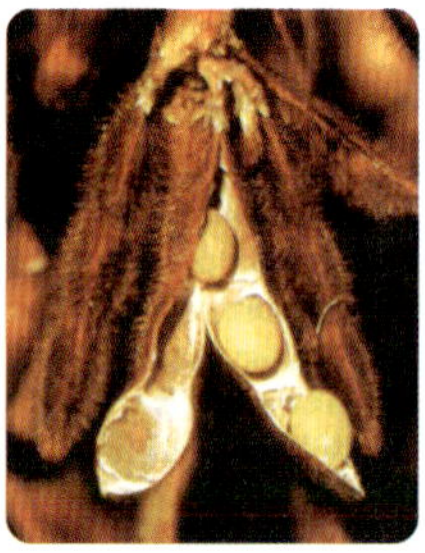

콩깍지

옥수수

그림 11-4 유전자재조합식품

표 11-3 미국에서 승인된 유전자재조합 기술을 이용하여 개발된 식품

연도	개발회사	상품명
99	Monsanto Co.	하이그로마이신/글리포세이트 내성 평지씨
98	Monsanto Co.	하이그로마이신/글리포세이트 내성 토마토
98	AgrEVo	하이그로마이신/글리포세이트 내성 콩
98	AgrEVo	하이그로마이신/글리포세이트 내성 불임 옥수수
97	Deklab Genetics Corp.	해충 저항성 옥수수
96	Agritop Inc.	숙성변형 토마토
96	Deklab Genetics Corp.	루포시네이트 내성 옥수수
96	Du Pont	설포닐유레아 내성 면실
96	Monsanto Co.	해충 저항성 감자
96	Monsanto Co.	해충 저항성 옥수수
96	Northrup King	해충 저항성 옥수수

다. 이러한 예는 유전자재조합을 통하여 식품의 안전성이 더 향상되는 경우이다.

반면 항균성을 갖는 유전자재조합식품에는 항생제의 특성을 갖는 단백질의 함량이 높아지면 이러한 식품이 우리 인체 내에서 어떤 위험성으로 작용할지는 아직 알려져 있지 않다. 또한 기존의 유독성분의 증가, 새로운 유독성분의 생성, 미생물에 의한 식품 및 환경의 오염, 알레르기 유발물질의 발현, 영양성분의 변화 및 새로운 품종의 유전적 안전성의 문제 등도 더 신중하게 고려되어야 할 문제들이다.

유전자재조합농산물을 식품으로 사용하는 데 따른 안전성 관리는 나라마다 다르다. 미국은 유전자재조합농산물 및 식품을 일반 식품과 같게 취급하여 표시를 하지 않고 있다. 그러나 유럽에서는 잠재적 위해요인으로부터 안전하다는 증거가 부족하고, 환경생태계의 혼란이 초래될 수 있다는 관점에서 소비자들의 반발이 매우 심하여 나라에 따라서는 유전자재조합식품의 판매를 전면금지하기도 하며, 유럽연합(EU)에서는 새로 개발된 식품규정에 따라 표시를 의무화하도록 하고 있다. 이러한 차이는 국가간에 무역마찰로까지 이어지고 있으며, 현재 국제적 식품유통에서 뜨거운 논쟁거리로 대두되고 있다.

우리나라에서도 유전자재조합농산물에 대한 소비자의 선택권을 보장하기 위해 2001년 7월부터 유전자재조합농산물을 일반 농산물과 구분해서 표시하도록 하고 유전자재조합농산물을 사용하여 제조한 가공식품에도 그 표시를 의무화할 방침이다.

유전자재조합식품 표시는 어떤 식품에 하나?

- 국제식품규격위원회(CODEX). 유엔환경계획(UNEP) 등 국제기구에서 위해(危害) 가능성이 제기된 품목
- 국제협약에서 표시할 수 있다고 결정된 품목
- 외국에서 일반적으로 표시하고 있는 품목
- 우리 정부기관에서 위해 가능성이 제기된 품목

6. 방사선조사식품

방사선을 식품에 조사하면 발아나 숙성을 억제하여 식품의 품질저하를 막을 수 있고, 식품의 변질 또는 부패를 일으키는 미생물, 곤충, 효소 등을 사멸 또는 불활성화함으로써 식품의 저장기간을 향상시킬 수 있다.

이 기술은 1950년대 이후 많은 나라들에 광범위한 식품에 도입하였으며, 1980년대 이후에는 닭고기 등의 육류, 생선, 갑각류 등에 주로 존재하는 E. coli, O-157 : H7, Listeria, Salmonella, Campylobacter 등의 식중독균을 감소시키는 데 이용되어 왔다.

식품의 방사선조사는 1999년 현재 40여 개국에서 향신료, 곡류, 과채류, 육류, 해산물 등 230여 개의 식품에 허가되어 있으며, 이중 28개국에서 상업적으로 이용되어 왔고, 우리나라에서도 방사선조사는 13개 식품 품목군에 대하여 허용되고 있다.

방사선은 유해한 미생물을 사멸시켜 안전하게 할 수 있으나 식품의 구성성분과 구조에 영향을 주어 새로운 위험요인을 낳을 수 있다고 생각하는 소비자들의 염려는 '조사식품은 안전하다' 고 하는 WHO, FAO, IAEA(국제원자력기구), FDA의 반복되는 보고에도 불구하고, 식품조사공정에 반대하고 있는 경우가 많으며, 이는 이 분야에 대한 신뢰할 수 있는 정보의 부족 때문이라고 여겨진다. 그 결과, 방사선 조사식품의 구매여부를 소비자 스스로가 결정할 수 있도록 방사선조사식품의 표시제도를 마련하게 되었다.

현재 선진국을 비롯한 많은 나라에서는 식량 및 식품 교역에서 방사선을 조사시킨 것을 분명히 구별할 수 있도록 포장지에 그림이나 글을 표시하도록 하고 있다.

표 11-4 방사선조사 허가 식품품목군

품 목	조사 목적	허가선량(kGy)	허가일자
• 감자, 양파, 마늘	발아, 발근억제	0.15 이하	1987.10.16.
• 밤	발아, 발근억제	0.25 이하	1987.10.16.
• 버섯(생 및 건조)	살충, 숙도조절	1.0 이하	1987.10.16.
• 가공식품 제조원료용 건조식육 및 어패류 분말	살균, 살충(위생화)	7 이하	1991.12.14.
• 된장, 고추장, 간장 분말	살균, 살충(위생화)	7 이하	1991.12.14.
• 조미식품용 분말	살균, 살충(위생화)	5 이하	1995. 5.19.
• 가공식품 제조원료용 건조채소류	살균, 살충(위생화)	7 이하	1995. 5.19.
• 건조향신료 및 이들 조제품	살균, 살충(위생화)	10 이하	1995. 5.19.
• 효모, 효소식품	살균, 살충(위생화)	7 이하	1995. 5.19.
• 알로에 분말	살균, 살충(위생화)	7 이하	1995. 5.19.
• 인삼(홍삼 포함) 제품류	살균, 살충(위생화)	7 이하	1995. 5.19.
• 2차 살균이 필요한 환자식	살균	10 이하	1995. 5.19.

자료 : 식품공전, 보건복지부, 1999

- 직경 5cm 이상 크기의 초록색 마크
- 잎과 꽃은 농업
- 둥근 테는 포장상품
- 테의 잘린 부분은 방사선을 조사했음을 상징

그림 11-5 방사선조사 식품표시 마크

연습문제

1 현대인은 왜 기능성 식품에 관심이 많을까 생각해 보자.

2 우리나라에서 유전자재조합식품의 표시를 하도록 의무화된 식품에 대하여 알아보자.

3 시중에 나와 있는 건강보조식품의 표시내용을 살펴보고 그 식품의 유용성에 대하여 생각해 보자.

인터넷사이트

1 http://www.webzine.kfda.go.kr/enewspaper (한국 식품의약품안전청-소비자를 위한 식품의약품 정보)
2 http://www.fda.co.kr (미국 식품의약품안전국 식음료/건강정보)

CHAPTER 12

미리보는 미래의 식품

현대인에게서 식생활은 단순히 생리적 욕구충족이 아니고 생활을 윤택하게 하는 활력소 역할을 한다. 맞벌이 부부와 독신 생활자 등 가족의 형태가 다양해지고, 취미생활과 여가생활의 중요성이 인식되면서 식생활 문제를 간편하게 해결하는 것은 중요한 문제가 되었다. 또한 가족수, 식성, 취향, 건강상태 등에 따라 영양과 기호에 대한 소비자의 요구도 다양해져서 획일적인 대량공급보다는 개인의 요구에 맞는 주문영양의 시대가 전망되고 있다.

이러한 현대 소비자의 생활패턴 변화와 식생활 요구에 대한 해법은 인터넷을 통하여 찾을 수 있을 것이다. 인터넷은 이제 가상의 공간으로서만이 아니라 우리의 생활과 함께 살아 움직이는 영향력 있는 매체가 되었고, 인터넷 사용 인구의 급격한 증가와 더불어 푸드 서비스(food service)산업에서도 온라인화의 움직임이 점차 빨라지고 있다.

지난 세기 동안 발달된 과학기술과 의료생명분야의 학문적 업적은 인간의 평균수명을 연장하게 하였고, 사람들은 단순하게 오래 살기보다는 신체적 · 정신적으로 보다 건강하게 살 수 있는 기간이 연장되기를 기대하고 있다. 따라서 사람들의 건강지향성 욕구가 점점 더 커지게 되고 또 한편으로는 기능성 식품에 대한 연구와 개발이 급속히 발전하여 소비자들의 요구에 부응하게 될 것이다.

정보화시대에 접어들면서 생활의 모든 면이 가속화되어 식생활에서도 가공식품, 냉동식품, 조리식품, 패스트푸드(fast food)가 발달하는 것이 당연한 것으로 보이지만, 그러한 결과로 나타나는 입맛의 획일화와 전통문화의 쇠퇴, 지역적 특성의 상실 등을 우려하여 지구촌 일각에서는 오히려 슬로푸드(slow food) 운동을 제창하고 있기도 하다.

1. 사이버밀로 주문영양 간편식사

우리의 생활과 함께 살아 움직이는 영향력 있는 매체인 인터넷은 네티즌의 급속한 증가에 따라 식생활에도 많은 변화를 가져오게 되었다. 특히 사이버 공간을 통한 식생활 정보의 제공과 이용이 가능하게 되면서 다양한 식생활 정보를 쉽게 접할 수 있게 되었다.

맞벌이 부부와 독신 생활자의 수가 증가하고 취미생활과 여가생활의 필요성이 인식되면서 어떻게 하면 간단히 '食' 문제를 해결할 수 있을까 하는 것이 중요한 관심거리가 되었다. 또한 생활수준이 향상되면서 고급화된 식생활에 대한 욕구도 증가하게 되었다. 이러한 시대적 요구에 맞추어 등장한 것이 사이버밀(cybermeal)이다. 사이버밀이란 인터넷을 이용한 푸드서비스로서 이 서비스를 통해 가정에서 식사를 위한 식재료를 주문해서 배달받을 수도 있고, 인터넷상에서 음식점을 예약하고 미리 주문할 수도 있다. 또한 소비자의 기호와 취향에 맞는 식단, 식재료, 조리법 등을 제공받을 수도 있다. 어느새 우리 생활 속의 일부분이 되어 가고 있지만 아직도 조금은 생소한 인터넷과 음식의 만남은 1996년 미국에서 설립된 피자 배달업체인 사이버밀즈사(현 푸드닷컴)에 의해 시작되었다.

사이버밀의 가장 큰 매력이라고 하면 저렴하게 서비스를 제공받을 수 있는 것이다. 현재 비슷한 서비스를 제공하는 웹사이트(web site)가 경쟁적으로 생겨나고 있으므로 여러 사이트를 면밀히 비교 · 검토하여 본인이 원하는 서비스와 정보를 제공받을 수 있는 적절한 사이트를 잘 선택해야 할 것이다. 사이버밀을 제공하는 여러 사이트에서는 건강 및 요리 정보의 제공, 기호와 영양을 만족할 수 있는 식단 작성, 요리법의 동영상 제공, 선명한 음식사진 제공, 전문가와의 Q & A, 관련 사이트로의 링크 서비스 등 다양한 부가 서비스를 제공하고 있다. 따라서 이를 적절히 활용하면

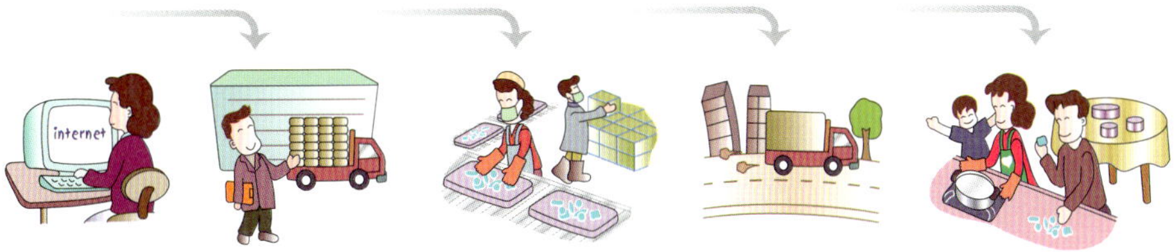

그림 12-1 사이버밀 주문 및 전달 체계

만족도 높고 풍요로운 식생활이 가능할 것이다.

한 번 클릭으로 열리는 세상인 사이버 공간에서 이루어지는 식생활의 해결은 앞으로 더욱 확대될 것으로 예상된다. 따라서 사이버 공간에서 이루어지는 새로운 음식문화가 건전하게 형성되도록 우리 모두 노력해야 할 것이다.

2. 건강지향성 식품의 발달과 사용증가

예로부터 전해온 민간요법에 여러 가지 식품이 사용되었다는 사실에 식품과학자들이 관심을 가지게 되면서 유효한 성분과 그들의 작용이 구체적으로 밝혀지고 있다. 과학적인 근거는 농축산 및 식품산업에 영향을 미치게 되고 소비자들은 식품을 통하여 능동적으로 건강을 지키고 더욱 증진시킬 수 있다는 믿음을 더 강하게 가지게 된다. 현재도 그렇지만 미래의 소비자들은 매스미디어뿐만 아니라 급속도로 확산되는 유 · 무선 인터넷을 통하여 영양지식 및 식생활정보를 더 많이 접하게 되고 따라서 건강식품에 대한 관심은 더욱 커질 것이다.

아직도 정복되지 않은 당뇨병, 고혈압, 암, 치매 등의 예방과 치료를 위하여 사람들은 건강기능성 식품을 계속해서 원할 것이며 비타민, 항산화영양제, 허브 추출물 등의 보충제의 사용도 꾸준히 이어질 것으로 전망된다. 지금까지 기능성 식품의 소비자들은 건강을 위하여 맛을 희생시킬 수밖에 없었으나 앞으로 맛과 향, 그리고 텍스처가 더욱 향상될 것이고 그에 따라 기호와 건강을 동시에 만족시킬 수 있을 것이다.

기능성 식품이나 생리활성물질의 활용은 성인들을 위한 건강식품뿐만이 아니고 영 · 유아용 식품, 패스트푸드나 다이어트 식품에까지도 사용이 확대될 것이다. 건강에 관심이 높은 소비자들은 신체내부의 건강만이 아니고 건강하게 보이는 외모와 고운 피부를 갖기를 원하게 되고, 그에 따라 과일, 채소, 곡류 및 허브 성분들을 첨가한 화장품이 현재도 개발되고 있지만 더욱 증가할 추세이다.

지금까지 건강식품이라고 하면 주로 식물성 식품에 그 초점이 맞추어졌으나, 고기, 우유 및 계란도 동물을 기르는 과정에서 사료의 성분을 조절하여 건강기능성 성분이 포함되도록 할 수도 있고 영양가를 더 높일 수도 있다.

3. 미용식품

과학과 의료의 발달로 인간의 평균수명은 점점 증가하고 있으나 건강수명은 이에 미치지 못하고 있다. 사람의 수명이 증가함에 따라 노화로 인한 신체의 여러 가지 기능이 저하되고, 인체의 7%(중량비)를 차지하는 피부에도 많은 문제가 발생하게 된다. 경제적인 발전에 따라 선진국이 될수록 65세 이상의 고령인구가 증가하고 있으며, 아름답거 건강하게 살고 싶어하는 인간의 욕망은 기능성 미용식품에 대한 시장 수요 또한 커질 것이다.

실제로 피부의 건강과 아름다움을 위한 제품에 대한 수요가 증가하고 있으며 최근에는 피부건강을 개선하고 피부손상 및 노화의 위험을 감소시키는 데 있어서 특정식품 성분 및 영양보충이 가지는 역할에 대한 관심이 커지고 있다. 지속적으로 건강한 피부를 유지하기 위해서는 화장품과 같이 유효성분을 인체 외부에서 공급해야 할 뿐 아니라, 인체 내부에서도 피부미용에 도움이 되는 유효성분을 공급하여야 한다는 'inner beauty' 개념이 등장하게 되었다. 피부재생에 도움을 주고 노화를 방지하는 식품성분을 함유한 미용식품(beauty food)의 개념이 발전하고 있으며, 이들은 건강과 미용을 동시에 추구하는 화장품과 건강기능식품 사이의 어느 정도 위치를 차지하고 있다고 볼 수 있다.

미용식품의 초기에는 대개 피부에 존재하는 항산화 비타민 및 미량영양소를 이용하여 피부 외관, 모발, 손톱의 영양상태를 개선하는 데 중점을 두었으나 최근에는 피부주름, 항노화, 자외선에 대한 광보호 등과 같이 특화된 기능에 관심이 집중되고 있다.

과일, 채소, 견과류, 현미 등 일반식품 중에서 최근 다양한 건강기능성 식품소재가 밝혀지고 있으며, 이들은 생리적 기능을 발휘함으로써 건강에 도움을 준다는 것이 과학적으로 증명되고 있다. 이러한 식품소재들은 섭취를 통해서뿐만 아니라 화장품과 같이 피부를 통하여도 기능성이 발휘되는 경우를 기대하여 화장품산업에도 많이 이용되어 왔다.

그러나 피부개선 효과가 있다고 알려진 미용기능소재들의 피부에 대한 정확한 효능은 아직 학문적으로 검증되지 못한 점이 많으며, 추가적인 연구를 통해 확인이 필요하다. 식품은 소화관을 거치면서 소화효소에 의하여 변형되거나 장관미생물들에 의하여 대사될 수 있으며, 이들이 장관에서 흡수가 될 수 있는 형태인지, 흡수가 된다면 얼마나 흡수가 되는지, 흡수 후 원래의 형태로 재합성이 일어나는지, 또는 피부로 전달된 후 재합성되는지, 흡수가 된 후에 효능성분이 피부로 전달이 되는지에 대한 여러 가지 검증이 필요할 것이다.

세계적인 또 하나의 추세는 천연 허브추출물이 화학제품보다는 선호된다는 것이며, 이 시장영역에 대한 관심은 당분간 지속될 것으로 보인다.

4. 노인식품

세계적으로 앞으로 20년 이내에 60세 이상의 노인 인구는 10억 이상이 될 것이라고 한다. 우리나라는 2020년에 초고령사회가 도래할 것이라고 예측하고 있어 노인 인구는 전체인구의 20%가 넘게 될 것이다. 또한 평균연령이 지속적으로 길어짐에 따라 85세 이상 사는 사람들이 상당히 증가하게 될 것이다. 사람들이 노년기에 적응하기 위하여 건강한 생활을 해야 하는데 식품은 편리성, 경제성, 효율성 측면에서 노인들의 건강유지를 위한 가장 좋은 매체가 될 것이다. 과거에는 식품으로부터 건강저해요소를 제거하는데 주력하였지만, 현대의 식생활은 건강을 증진시킬 수 있는 인자를 첨가하는데 초점을 맞추고 있다.

노인들의 감각인지능력, 식품선호도 및 식품소비실태를 잘 파악하는 것은 노인들의 건강유지를 위해서나 식품생산자와 유통업에 종사하는 이들을 위해서 모두 중요하다. 노인들은 젊은이보다 4가지 기본 맛에 대한 감도가 매우 떨어진다. 특히 약을 많이 복용하는 경우에는 더 심하다. 냄새를 감지하는 능력 역시 저하되고 60세 이후에 특히 심하다.

그림 12-2 노인식품의 수요증가

그러나 고추나 겨자의 매운 맛, 탄산가스의 상큼한 감각 등을 느끼는 삼차신경계(trigeminal system)는 맛과 냄새 기관보다는 덜 손상된다는 연구보고가 있다. 노인들은 씹는 기능이 약해지기도 하는데 특히 부분이나 전체로 틀니를 한 경우에는 더욱 저작기능이 떨어지고 촉감이 무디어져서 음식을 먹는 즐거움이 크게 저하된다.

노년기에 이와 같이 맛에 대한 감각이 둔화되는 것을 이해하고 식품에 따라 맛을 강화 또는 증대 시키면 노인들이 음식에 대한 선호도를 증가 시킬 수 있다. 식품의 텍스처 또한 식품의 선호도에 중요한 영향을 미치므로 노인들이 선호하는 텍스처를 알아보는 것도 중요하다.

노년기에는 식습관 태도에 있어서도 젊을 때와 다르다. 노인기에는 식품섭취량이 줄고, 식사속도가 느리며, 간식을 그리 많이 하지 않는 경향이 있다. 미래의 노인들은 건강식품에 대한 관심도가 매우 높아질 것이다. 따라서 미래에는 더 맛이 좋고 영양밀도가 높은 식품에 대한 수요가 높을 것이다.

5. 패스트푸드에서 슬로푸드로

우리의 생활 패턴과 음식과의 상관관계는 떼놓을 수 없는 불가분의 관계이다. 바쁜 도시생활은 패스트푸드나 냉동식품, 이미 조리된 가공음식 등을 이용할 수밖에 없을 정도로 쫓기는 생활이다. 또한 유럽과 아시아에 미국문화가 홍수처럼 밀려 들어오면서 패스트푸드의 범람은 갈수록 심해지고 있으며 각 나라의 전통음식문화는 사라지고 모르는 사이에 입맛의 획일화가 진행되고 있는 것이다. 또한 농산물 수입 개방에 따라 농산물의 대량생산 체계와 획일화된 유통과정 때문에 결국 일반인들이 먹을 수 있는 음식이 각 나라마다 비슷해지고 그 종류도 간략화되는 데에 많은 사람들이 위협을 느끼게 되었다.

슬로푸드 운동은 일종의 문화운동이라고 할 수 있는데 음식을 통해 삶의 질을 개선하고, 현재 가지고 있는 음식문화의 전통을 계속 이어가며, 전통적인 방식으로 만들어지는 세계 각국의 음식들을 발굴하고 알리는 데 목적을 두고 시작되었다. 이 운동은 이탈리아 와인의 대명사인 키안티로 유명한 도시 그레브의 시장 파올로 사투리니에 의해서 처음 시작되었는데, 각 나라의 전통음식을 지키자는 취지에서 이 운동을 발의했다고 한다. 전원생활을 통하여 정성껏 키운 재료들로 시간과 정성을 다해 만드는 음식은 이 세상의 그 무엇보다도 소중하며, 나아가서는 삶에 대한 여유 있는 생각들을 가능하게 한다. 바쁜 생활에도 자연에서 얻을 수 있는 음식의 원재료에 대해 다시 한 번 생각해 보고, 시간과 노력을 들여서 음식을 제대로 만들고, 이렇게 만들어진 음식을 즐길 수 있게 하는 것이 이 운동의 핵심이라고 보면 된다.

슬로푸드 운동은 이 운동이 후세에도 지속적으로 전개되도록 하기 위해 2세들의 교육에도 상당한 신경을 쓰고 있다. 예를 들면, 중 · 고등학교에서 미각에 대한 강의를 마련하고, 학생들에게 음식에 대한 생각을 바르게 심어주기 위해 일선 교사들과 학부형들을 위한 미각 교육 책자를 발간하는 등의 활동을 전개하고 있다.

그림 12-3 슬로푸드 운동의 로고

음식과 식재료에 대한 애정과 관심으로 시작된 슬로푸드 운동이 아직 우리나라에서는 개념 자체가 생소하지만 인스턴트 식품이나 간편한 통조림 같은 편한 것만을 추구하던 현대인들이 점점 무공해 자연건강식을 찾고 있는 것처럼 일상생활 속에서 이루어지고 있다고 본다. 슬로푸드 운동의 상징으로 사용되는 달팽이무늬는 유기농의 친환경적 의미를 내포하고 있기도 하며 이 운동의 확산을 위하여 공식적인 홈페이지(http://www.slowfood.com)도 운영되고 있다.

6. 유전자 특성에 적합한 맞춤형 식품의 발달

정보화 시대인 21세기는 생명과학이 크게 발전하는 시기로 전망하고 있다. 현재 수행중인 인간 게놈(genom) 프로젝트가 성공적으로 완성되어 완전한 유전자지도가 만들어지면 인간의 생명이 상당히 연장될 것으로 예측하고 있다.

인간의 유전자에 대한 다양한 연구가 이루어지면서 영양소, 섭취하는 식품 등이 유전자의 발현(gene expression)에 영향을 미친다는 많은 사례가 보고되어 있다. 따라서 영양소나 식품 성분들은 개개인의 유전적 특성에 따라 다른 효과를 나타낼 수 있으므로, 건강유지나 질병억제를 위한 식사요법을 실시할 때도 개인의 생리적 특성이 반영되어 이에 적절한 맞춤형 식품을 먹어야 할 시대가 곧 열리게 될 것으로 생각된다.

연습문제

1 사이버밀을 제공하는 인터넷 사이트에 들어가 내용을 살펴보고 평가해 보자.

2 식생활의 미래에 대하여 자신의 견해를 논하시오.

인터넷사이트

1 http://www.foodnetwork.com (푸드네트워크)

2 http://www.menupan.com (메뉴판닷컴)

3 http://www.slowfood.com (슬로푸드 국제본부)

4 http://www.slowfood.or.kr (슬로푸드 한국위원회)

참고문헌

r·e·f·e·r·e·n·c·e

구난숙 · 김지혜(1998). 대전지역 대학생들의 김치섭취실태 및 기호분석. 한국생활과학회지, 7(2): 139-148.

구천서(1996). 월남의 식생활 문화. 한국식생활문화학회지, 11(1): 143-146.

김경삼 · 김도영 · 김정숙 · 장형수 · 홍종만(1997). 기초 식품학. 지구문화사.

김기숙 · 한경선(1999). 교양을 위한 음식과 식생활 문화. 대한교과서.

김동훈(1994). 식품화학. 탐구당.

김상보(1997). 중국요리. 수학사.

김원일(1993). 정통초밥요리, 형설출판사.

김원일(1997). 정통일본요리. 형설출판사.

김태정 · 손주영 · 김대성(1998). 음식으로 본 동양문화. 대한교과서.

김하진(2000). 요리선생 김하진이 차린 손님상. 시공사.

김향숙 · 백수진 · 이경애(1999). 식품표시에 대한 소비자의 인식 및 이용실태. 한국식품영양과학회지, 28(4): 948-953.

김혁(2000). 김혁의 프랑스 와인기행. 세종서적.

김혜영 · 조은자 · 한영숙 · 김지영 · 표영희(1998). 문화와 식생활. 효일문화사.

노영화(1998). 식품 영양표시제도에 관한 연구. 한국소비자원.

디자인하우스 편집부(2000). 아름다운 우리 상차림. 디자인하우스.

맹영선 · 허태련(1999). 식품과 건강. 유한문화사.

문범수(2006). 최신식품위생학. 수학사.

문수재 · 손경희(1993). 식품학 및 조리원리. 수학사.

빵앤빵 편집(1999). 빵앤빵의 이탈리아 요리. 웅진출판주식회사.

뿌리깊은 나무 편집(1989). 겨울 음식. 대원사.

뿌리깊은 나무 편집(1989). 봄가을 음식. 대원사.

뿌리깊은 나무 편집(1989). 여름 음식. 대원사.

삶과문화 편집부(2000), Food & Deco, 사랑이 된 아침!. 삶과 문화.

서울문화사 편집부(1998). 이정섭의 맛있는 우리음식. 서울문화사.
송재철 · 박현정 · 신완철(1998). 최신식품학.
스기다 고이치 저, 안용근 역(1993). 조리요령의 과학. 전파과학사.
식품위생법규교재 편찬위원회(1997). 식품위생법규. 광문각.
식품위생법규교재 편찬위원회(2000). 최신식품위생관계법규. 광문각.
안용근 외(1999). 현대 식품가공 · 저장학. 효일문화사.
애비캐럴 외 저, 배은주 역(2000). 대사들과 함께 하는 만찬. 한림출판사.
염초애 · 장명숙 · 윤숙자(1996). 한국음식. 효일문화사.
오경화 외(2004). 테이블코디네이트. 교문사.
원융희(1999). 세계의 음식문화. 자작나무.
원융희(1999). 와인 이야기. 학문사.
윤복자(1996). 테이블세팅 디자인. 다섯수레.
윤서석(1990). 한국식품사연구. 신광출판사.
윤서석(1995). 중국음식문화사. 민음사.
윤서석(2000). 한국음식-역사와 조리. 수학사.
이경애(1998). 외국의 식품표시제도-일본의 식품표시제도를 중심으로. 제2차 식품표시제도 확립을 위한 워크숍, p.8-17.
이광규(1997). 우리나라의 혼례문화. 한국식생활문화학회지, 12(2): 203-206.
이광수(1999). 인도문화. 국제지역문화연구총서Ⅹ.
이미숙 외(2007), 리빙토픽 영양과 식생활 개정판. 교문사.
이서래(1993). 식품의 안전성 연구. 이화여자대학교 출판부.
이서래 · 신효선(1998). 최신식품화학. 신광출판사.
이성우(1999). 식생활과 문화. 수학사.
이춘자 · 김귀영 · 박혜원(1998). 김치. 대원사.
이춘자 · 김귀영 · 박혜원(1998). 통과의례음식. 대원사.
이향방(2000). 이향방의 중국요리. 우먼센스쿠킹. (주)서울문화사.
임영희 외(1999). 식생활과 다이어트. 형설출판사.
장동석 외(2006). 자세히 쓴 식품위생학. 정문각.
장학길(2000). 식품정보. 신광출판사.
정동효 외(1998). 식품의 생리활성. 선진문화사.
조재선(2000). 김치의 연구. 유림문화사.
주부생활사 편집부(1998). 재료별 요리백과. 주부생활사.
채범석(1991). 사람의 영양학. 아카데미서적.
최혜미 외(2006). 개정판 21세기 영양학. 교문사.
쿠켄(1999). 요리특집 1: 떡. (주)베스트홈, 1월호.
쿠켄(1999). 요리특집 1: 설날음식. (주)베스트홈, 2월호.

쿠켄(1999). 요리특집 2: 삼복에 먹는 음식. (주)베스트홈, 3월호.
쿠켄(1999). 이탈리아 음식.(주)베스트홈, 6월호.
쿠켄(1999). special report: 쌀. (주)베스트홈, 10월호.
쿠켄(2000). 요리특집 1: 일본요리. (주)베스트홈, 6월호.
쿠켄(2000). 집에서 해먹는 동남아 음식. (주)베스트홈, 7월호.
쿠켄(2000). 태국요리. (주)베스트홈, 3월호.
한국식품과학회(1995). 특집: 건강 및 기능성 식품. 식품과학과 산업, 28권 3호.
한국영양학회(2005). 한국인 영양섭취기준.
한복선(1990). 명절음식. 대원사.
한복진(1992). 전통음식. 대원사.
한복진(1996). 우리가 정말 알아야 할 우리 음식 백가지 1. 현암사.
한복진(1998). 우리가 정말 알아야 할 우리 음식 백가지 2. 현암사.
한복진(1999). 팔도음식. 대원사.
허필숙(2000). 중국요리. 형설출판사.
황재선(2003). 푸드스타일링 & 테이블데커레이션. 교문사.
황재선(2003). 푸드코디네이션. 교문사.

Classic INDIAN Hermes House(1996).
JANE HUGHES(2000). THE JOY OF WINE, LORENZ BOOKS.
Pamela G. Kittler and Kathryn P. Sucher(2000). Cultural Foods-Traditions and Trends. Wadsworth.
Prosper Montagne & Jenifer Harvey Lang(editors)(1998). Larousse Gastronomique. Crown Pub.
Serge D' mico & Francois Fortin(editors)(1996). The visual food encyclopedia. Hungry Minds, Inc.
THAI Bona Books(1998).
渡雄二(2000). 食品表示ここをこぅ見る. KAWADE夢新書.
食品表示研究會. 食品表示 マニュアル 中央法規出版. p.101-154, 1996
增尾淸. 食品表示がわかる本, 農文協, p.6-7, 1993
いわさ惠美. 食べたいね 安全な食品, 新日本出版社, 1993

찾아보기

i·n·d·e·x

ㄱ

ㅇ

ㅈ

ㅍ

ㅎ

저자 소개

변광의 독일 본대학교 이학박사
순천향대학교 식품영양학과 교수

손천배 충남대학교 농학박사
충남대학교 식품영양학과 교수

김향숙 서울대학교 이학박사
충북대학교 식품영양학과 교수

구난숙 미국 플로리다주립대학교 이학박사
대전대학교 식품영양학과 교수

송은승 미국 아이오와주립대학교 이학박사
호서대학교 식품영양학과 교수

이선영 프랑스 파리6대학교 이학박사
충남대학교 식품영양학과 교수

이경애 일본 동경대학교 농학박사
순천향대학교 식품영양학과 교수

개정판

식품, 음식 그리고 식생활

2001년 3월 5일 초판 발행
2008년 2월 25일 개정판 발행
2014년 2월 19일 개정3쇄 발행

지은이 변광의 · 손천배 · 김향숙 · 구난숙
송은승 · 이선영 · 이경애
펴낸이 류 제 동
펴낸곳 (주)교 문 사

전무이사 양계성
편집부장 모은영
책임편집 김지연
본문 · 표지디자인 우은영 · 반미현
제작 김선형
영업 이진석 · 정용섭 · 송기윤

출력 문성애드컴
인쇄 동화인쇄
제본 한진제본

우편번호 413-756
주소 경기도 파주시 교하읍 문발리
출판문화정보산업단지 536-2
전화 031-955-6111(代)
팩스 031-955-0955
등록 1960. 10. 28. 제 406-2006-000035호

홈페이지 www.kyomunsa.co.kr
이메일 webmaster@kyomunsa.co.kr

ISBN 978-89-363-0902-2 (93590)

*잘못된 책은 바꿔 드립니다.
값 16,000원